面向新工科的电工电子信息基础课程系列教材

教育部高等学校电工电子基础课程教学指导分委员会推荐教材

河南省"十四五"普通高等教育规划教材

电路基础综合实践

（微课视频版）

李建兵　主　编

王　妍　刘海成　徐志坚　梁　芳　副主编

清华大学出版社

北京

内 容 简 介

本书帮助读者了解电路实践的入门知识，熟悉基础电子元器件，掌握基本仪器的使用，了解电路仿真技术，掌握基本的电路实践技能，完成典型电路的仿真、搭建、调试、测试和设计等实践环节。主要内容包括电路实践概述、基本电子元器件、常用仪器仪表使用、电路仿真分析方法、电路板的焊接、组装和测试、验证性实验和设计性实验几部分。

本书根据面向新工科的电工电子信息基础课程改革发展要求，结合课程组长期的课程教学和科研实践经验编写而成，注重基础性、趣味性和创新性。本书适合电类专业低年级学生和电子技术入门人员使用，既可与电路类基础课程的理论教材配套使用，也可作为电子爱好者开展电子科技创新实践的参考用书。

图书在版编目(CIP)数据

电路基础综合实践：微课视频版/李建兵主编. —北京：清华大学出版社，2022.1
面向新工科的电工电子信息基础课程系列教材
ISBN 978-7-302-59352-2

Ⅰ. ①电…　Ⅱ. ①李…　Ⅲ. ①电路－高等学校－教材　Ⅳ. ①TM13

中国版本图书馆 CIP 数据核字(2021)第 207779 号

责任编辑：文　怡
封面设计：王昭红
责任校对：李建庄
责任印制：丛怀宇

出版发行：清华大学出版社
　　　　　网　　　址：http://www.tup.com.cn，http://www.wqbook.com
　　　　　地　　　址：北京清华大学学研大厦 A 座　　　　邮　　　编：100084
　　　　　社　总　机：010-62770175　　　　　　　　　　邮　　　购：010-83470235
　　　　　投稿与读者服务：010-62776969，c-service@tup.tsinghua.edu.cn
　　　　　质量反馈：010-62772015，zhiliang@tup.tsinghua.edu.cn
　　　　　课件下载：http://www.tup.com.cn，010-83470236
印　刷　者：北京富博印刷有限公司
装　订　者：北京市密云县京文制本装订厂
经　　　销：全国新华书店
开　　　本：185mm×260mm　　　印　　张：12.25　　　　字　　　数：298 千字
版　　　次：2022 年 1 月第 1 版　　　　　　　　　　　　印　　　次：2022 年 1 月第 1 次印刷
印　　　数：1～1500
定　　　价：45.00 元

产品编号：089225-01

"电路原理"或"电路分析"课程是电子信息类专业的第一门电类专业基础课,对后续课程的学习影响深远。该课程具有很强的工程应用背景,因此其实践环节非常重要。《电路基础综合实践》(微课视频版)正是为满足该课程的实践环节需求而编写的。

本书帮助读者了解电路实践的入门知识,熟悉基本电子元器件,掌握基本仪器的使用,了解电路仿真技术,掌握基本的电路实践技能,完成典型电路的仿真、搭建、调试、测试和设计,使读者具备一定的电路实践基础,提升科技创新能力和培养学习兴趣,为后续课程的学习和科技创新实践奠定基础。

本书根据面向新工科的电工电子信息基础课程改革发展要求,结合课程组长期的课程教学和科研实践经验编写而成,其突出特点如下:

一是基础性强。当前,市面上有关电路实践的书非常丰富,但大都要求读者具备模拟电子技术和数字电子技术的相关知识,对于刚开始学习电路基础课程的读者来说针对性不强。本书面向电路实践基础几乎为零的读者,引导读者完成电路实践零的跨越。从基本元器件的认识、基本实验仪器的使用和基本电路的搭建和调试开始,引导读者掌握电路实践的基本知识和技能。因此,本书非常适合电类专业低年级学生和电子技术入门人员使用。

二是内容由浅入深,循序渐进。本书虽然是从基础知识开始介绍,但内容并不局限于简单的入门知识,而是循序渐进,逐步提升电路实践水平。实验项目分为验证性实验和设计性实验两类,验证性实验主要与理论课相配套,让读者通过实验加深对电路基础理论的理解,并掌握基本的电路实践操作能力。设计性实验对读者提出了更高的要求,需要读者综合应用所学内容和实验技能,并自学或查阅相关知识,实现具有一定功能的电路。每章均提供了思考题,引导读者深入理解电路实践内容,提升科技创新思维。因此,本书既可与电路理论、电路分析等理论教材配套使用,也可以作为学生开展电子科技创新实践的参考用书。

三是配套资源丰富。除了纸质教材以外,本书还配备了教学大纲、教学微课视频、学习 PPT 课件和仿真电路模型库等电子资源,帮助广大读者提高学习和使用效率。

本书由李建兵、王妍、刘海成、徐志坚和梁芳共同完成。其中,李建兵完成第1、2章的编写,徐志坚完成第3章的编写,王妍完成第4章的编写,刘海成完成第5章的编写。第6章由李建兵、王妍、刘海成、徐志坚共同完成,其中徐志坚完成6.1节和6.6节,李建

前言

兵完成 6.2 节和 6.3 节,刘海成完成 6.4 节,王妍完成 6.5 节。第 7 章由李建兵、刘海成、徐志坚、梁芳共同完成,其中李建兵完成 7.1 节~7.3 节,刘海成完成 7.4 节和 7.5 节,梁芳完成 7.6 节和 7.7 节,徐志坚完成 7.8 节和 7.9 节。李建兵完成了全书的统稿和审核,并整理提供了电子资源。

由于本书编写时间比较仓促,加上水平有限,书中错误和不妥之处在所难免,恳请读者朋友提出宝贵意见。

编　者

2021 年 12 月

大纲＋课件

仿真案例模型

本书主要面向电路入门级的读者,引导读者快速理解电路基础知识,并循序渐进提高电路实践能力。

读者通过第 1 章"电路实践概述"能快速了解电子信息系统及电路实践的基本概念。元器件是组成电路的基本元素,读者通过第 2 章的介绍,可以认识常见的电路元器件。基本仪器的使用是开展电路实践的基础和前提,读者通过第 3 章的介绍,可以了解基本仪器的知识和使用方法。电路仿真是现代电路研究的重要方法,相比实验方法,电路仿真效率更高,往往是实验的重要补充,读者可以通过第 4 章学习 Multisim 的电路仿真分析方法。前面 4 章是电路实践所应掌握的基础知识和基本技能,读者可以在教师引导下,课外完成或者自学。

为了便于初学者快速入门,第 5 章以音频功放电路为例,详细介绍了电路板的焊接、组装和测试过程。这个实验可以作为课内实验内容,建议 4 学时完成。

有了前面的基础,读者就可以完成基本的验证性电路实验了。第 6 章提供了 6 个验证性实验案例,基本涵盖了电路基础课程的大部分理论知识。通过这 6 个实验,读者可以进一步理解相关的电路理论知识,提升电路搭建和测试技能,并加强实验仪器的使用。6 个验证性实验案例可以作为课内实验内容的选项。

为了进一步提高读者的电路实践能力,第 7 章提供了 9 个设计性实验,引导读者基于电路理论知识和实践技能,设计完成具有一定实用功能的电路。难度相对验证性实验有了较大提高,可以供学有余力的读者课外完成。

本书提供的电子资源包括教学大纲、教学视频、课件和仿真电路模型库。教学大纲介绍了电路基础实践课程的教学目标和教学内容,可供高校开展电路基础实践课参考。教学视频主要介绍仪器的使用,可供读者课外自学,或者教师开展翻转课堂的课下学习资源。本书第 2～6 章的内容还提供了 PPT 课件,供学生或者教师参考使用。本书还提供了 9 个仿真电路模型,与电路基础理论知识和后续的实验内容相关,可作为学习电路仿真的实例,同时也是让读者进一步理解相关理论知识的重要途径。

目录

目录

目录

第1章
电路实践概述

1.1　信息与信号

我们经常讲到"信息化时代""信息化战争""信息化部队"。那么到底什么是信息？什么是信息系统？在开展电路实践之前,我们先理解几个概念。

信号：反映信息的物理量。温度、压力、流量、声音、电压、电流、光等,都是信号。

信息：存在于信号中的新内容。所谓新内容也就是人们事先所不知道或不能确定的内容。

电信号：随时间变化的电压、电流或电磁波信号。也就是说,电信号是一种特殊的信号,它不是声音,不是光,也不是温度,而是以电压、电流或电磁波的形式表现出来的信号。为了加强对这几个概念的理解,我们将以下几个相近的概念进行比较。

1. 信息与信号

信息要借助信号的变化来表示和传递。没有信号,信息就无法识别,更谈不上传递和处理了。因此信息离不开信号这个载体。但是信号却不一定都有信息。例如,收音机中的噪声就不携带任何信息,自然中的火光虽然也是信号,却没有携带任何信息。

在古代战场,通过鸣鼓和烽火来传递信息。那么鼓声就是声音信号,烽火就是光信号,它们都携带了作战信息。在现代,广播、电视通过电磁波来传递信息,电磁波就是信号,声音和图像就是信息。在部队训练中,经常使用口头传递命令,那么说话的声音就是信号,命令的内容就是信息。

总的来说,信号是信息的载体,没有信号,信息就无法存在,但不是所有信号都携带信息。

2. 信号与电信号

信号的种类非常多,但通常使用的是电信号。因为电信号易于传递和处理。电信号可以是导体中的电压和电流,也可以是空间中的电磁波。而自然界的其他信号不便于处理和传递。例如声音,在空气中传递的距离有限,传播速度也有限,如果把声音信号转化为电磁波,就方便多了,其传输距离和传输速度都是声音所无法比拟的。

但自然界的原始信号通常是非电信号,例如温度、声音、图像等。为了便于传输和处理,通常先将原始信号转变为电信号,以电信号的形式进行传递和处理,最后还原成原始的自然信号。这种进行原始非电信号和电信号转换的装置就是传感器,如图 1-1 所示。

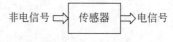

非电信号 ⇒ 传感器 ⇒ 电信号

图 1-1　非电信号与电信号之间的转换

我们经常使用的热水器都有水温自动控制系统,水温先要转换成电信号才能被电路识别。将温度信号转化为电信号的传感器是温度传感器。其他的传感器还有湿度传感器、压力传感器、光照强度传感器等,这都是将非电信号转化为电信号的装置。

当然,也有特例是使用非电信号进行传输的。例如,在水中电信号衰减很快,不适合远距离传输,通常使用声波来传输信号。

电信号也可以转化为耗电信号,如喇叭就是将音频电信号转换为声音信号的装置。

3. 电信号的形式

电信号是随时间变化的电压或电流。电信号分类的方式很多;但通常可以分为模拟信号和数字信号两大类。所谓模拟信号就是时间和幅度都连续变化的电信号,如图 1-2(a)所示。自然界的原始信号均为模拟信号。另一种信号的时间和幅度都是离散的,只能是某些特定的值,称为数字信号,如图 1-2(b)所示。

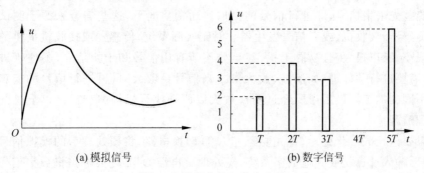

(a) 模拟信号　　　　　　　　(b) 数字信号

图 1-2　模拟信号与数字信号

随着计算机技术的发展,数字信号的处理更为方便和快捷,因此通常先将模拟信号转换为数字信号,通过计算机进行处理,再还原成原始模拟信号。将模拟信号转换为数字信号的装置称为模数转换器,简称 A/D;而将数字信号转换为模拟信号的装置称为数模转换器,简称 D/A。模拟信号和数字信号之间的转换如图 1-3 所示。

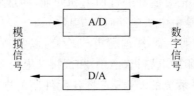

图 1-3　模拟信号与数字信号之间的转换

1.2　电子信息系统

1.2.1　电子信息系统的组成

对信号进行加工和处理的系统统称为电子信息系统。在理解了 1.1 节的基本概念后,我们看看电子信息系统的组成。

图 1-4 为典型的电子信息系统的组成框图。其实,各种规模的电子信息系统,小到一台收音机,大到宇宙飞船和人造卫星,都可以用这个框图来描述。我们经常使用的计算机、手机等,也可以用这个系统来描述。

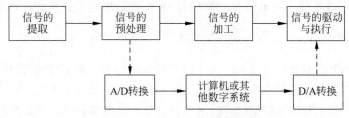

图 1-4　电子信息系统的组成框图

系统首先采集信号,即进行信号的提取。通常情况下,这些信号来源于测试各种物理量的传感器、接收机,或者信号发生器。对于实际系统,传感器或接收机提供的信号幅度往往很小,噪声很大,且易受干扰,甚至分不清有用信号和干扰信号,不便于进行信号的加工,需要进行预处理,如滤波、放大等。当信号足够大时,再进行信号的换算、转换、比较等不同的加工。最后还要经过功率放大以驱动执行机构(负载)。以上是纯模拟的信号处理流程。

如果要进行数字化处理,首先要经过 A/D 转换电路,将预处理后的模拟信号转换为数字信号,输入计算机或其他数字系统,经处理后再经 D/A 转换电路将数字信号转换为模拟信号,以驱动负载。随着信息技术的发展,信号的处理过程也有可能是由其他电子信息系统来完成的,如分布式计算机或者云服务器等。

1.2.2　电子电路

电子信息系统的作用就是对信号进行加工和处理,而这个处理不是像古代烽火传递敌情那样由人工来完成,而是由电子电路自动完成的。

电子电路通过导线将各种元器件进行电气连接,以实现一定的功能,打开电子产品外盖都能看到电路,电路由印制电路板(PCB)和焊接其上的元器件组成。

印制电路板是构建电路系统的基础,它将各元件间的电气连接线做成铜膜走线,在一层或数层绝缘板上做出信号板层,并蚀刻元件外形的焊点和铜膜走线来安装与连接各个电子元件。早期的绝缘板都使用电木材料,现在则大多改用玻璃纤维材料,厚度更薄,而弹性和韧度更好,甚至还可以将 PCB 做成薄膜形状。印制电路板按照结构可以分为单面板、双面板和多层板。图 1-5 是未焊接元器件的电路板。

印制电路板对元器件起到物理支撑作用,其电气功能由元器件来完成。我们在第 2 章将详细介绍各种常见的元器件。

电路板的设计过程是首先设计电路原理图,然后根据原理图器件的封装和其他要求设计电路板,自己加工或通过厂家加工完电路板后,将元器件在对应的封装上焊接,经过调试即可。这些功能都可以通过 EDA 设计软件来实现,目前国内应用最为广泛的是

图 1-5　印制电路板

Protel 软件，其新版本为 Altium Designer。

　　此外，对于结构简单的电路，在进行初期实验时，也可以使用面包板或多功能板进行实验，以节省成本和加快进度。学生在电子电路创新活动中也经常使用这两种电路板，分别如图 1-6 和图 1-7 所示。

图 1-6　面包板

图 1-7　多功能板

1.3　电路实践

　　大学本科的电路基础课程通常包括"电路基础"（如"电路原理"或"电路分析"等）、"模拟电子技术"和"数字电子技术"。其中，"电路基础"是电路知识的先导入门课，是学习"模拟电子技术"和"数字电子技术"的基础。"电路基础"课程主要介绍电路的基本概念、基本理论和基本分析方法，相对于其他电路课程，学习内容偏基础，偏理论，但这些理论知识又来自实践，具有很强的实践应用背景。所以，作为入门级课程，电路实践是"电路基础"课程学习的重要环节，为后续电路实践和电路设计奠定重要基础。

　　通常的电路实践包括验证性实验和设计性实验两类。验证性实验主要是让学生掌握基本仪器的使用、元器件识别和简单电路的搭建，并对理论知识进行验证，实验结果确定性比较强。而设计性实验往往要实现相对复杂的功能，涉及较多的电路知识，能更好地锻炼学生的创造力。验证性实验是设计性实验的前提和基础。此外,在进行电路实验以前,还可以通过电路软件进行虚拟电路实验,即电路仿真。电路仿真可以对设计的电路进行功能验证和参数优化。

思考题

1. 什么是信号?为什么要将非电的物理量转换为电信号?
2. 什么是模拟信号?什么是数字信号?举例说明。
3. 电子信息系统由哪几部分组成?各部分的作用是什么?
4. 实际电路板上元器件的连接是怎么实现的?

第 **2** 章

基本电子元器件

电子元器件分为有源器件和无源器件两类。无源器件指没有电流、电压或功率放大能力的元器件,最常用的有电阻、电感、电容、二极管等。有源器件指具有电流、电压或功率放大能力的元器件,如三极管、场效应管及运放等。除了分立的电子元器件外,还有集成电路芯片。集成电路可以看成由很多分立元器件构成的高度集成的电子电路。本章介绍各种常用电子元器件的基本知识。

2.1 电阻

2.1.1 电阻的基础知识

电阻是电子电路中应用最广泛的元件。虽然电阻的功能比较简单,但由于使用量大,电阻出故障的概率很高。为此,我们先熟悉一下电阻的基础知识。

1. 符号

电阻通常用 R(Resistor,电阻)表示,其电路符号分国标符号和国际符号两种。

国标符号:———□——— 国际符号:———ⱽⱽ———

2. 电阻的种类

根据材料和生产工艺的不同,电阻分为很多种,主要有碳膜电阻、金属膜电阻、金属氧化物电阻、玻璃釉电阻、绕线电阻等,不同种类的电阻其特性也各不相同,应根据应用要求选择相应的电阻种类。例如,如果需要温漂小的电阻,通常选用金属膜电阻;如果用于高压电路,通常选用玻璃釉电阻;而用于大功率电路时,则使用水泥电阻。图 2-1 是常见的电阻实物。

(a)直插电阻   (b)贴片电阻

图 2-1 电阻实物

在标注电阻时,通常用字母表示电阻材料,如表 2-1 所示。如 RT 表示碳膜电阻,RX表示绕线电阻。

表 2-1 电阻种类与字母对照表

电阻种类	碳膜	金属膜	金属氧化物	玻璃釉	绕线
表示字母	RT	RJ	RZ	RY	RX

3. 电阻参数

任何器件都有描述该器件特性的一组参数,参数是设计电路和选择元器件最主要的依据。电阻的参数主要有以下几项。

(1) 阻值。这是电阻最重要的参数,表明电阻量的大小。其基本单位是欧姆,简称欧,用字母 Ω 表示。欧姆是一个很小的单位,常用的单位还有 $k\Omega$ 和 $M\Omega$,它们与 Ω 的关系为

$$1k\Omega = 10^3\Omega \qquad 1M\Omega = 10^6\Omega$$

通常所需的电阻阻值种类很多,厂家不可能什么阻值的电阻都生产,而是只生产某些特定阻值的电阻,这些电阻的阻值可以表示成如下形式:

$$M \times 10^n$$

其中,M 为两位有效数字,n 为 1~6 的整数。M 称为标称值,其取值范围如下:1.0,1.1,1.2,1.3,1.5,1.6,1.8,2.0,2.2,2.4,2.7,3.0,3.3,3.6,3.9,4.3,4.7,5.1,5.6,6.2,6.8,7.5,8.2,9.1。

例如,我们取标称值 $M = 2.7$,n 为 1~6,可以得到的阻值分别为 27Ω、270Ω、$2.7k\Omega$、$27k\Omega$、$270k\Omega$、$2.7M\Omega$。但是没有标称阻值为 26Ω 的电阻,因为 2.6 不是电阻的标称值。

再如,我们能买到 $1.0k\Omega$ 的标准电阻,但买不到 $5.0k\Omega$ 的电阻,因为 5.0 不是标称值。如果非要 $5.0k\Omega$ 的电阻,只能用两只 $10k\Omega$ 的电阻并联代替了。

不但电阻的阻值有标称值,电容、电感等器件的参数也有标称值。所以在设计和选择器件时,一定要注意使用标称值参数的器件。如果所需的阻值不是标称值,就需要用多个已有的电阻进行串联或并联,或者让厂家定制。

(2) 额定功率。电阻是一种将电能转换为热能的器件,因此热效应是首先要考虑的问题。根据材料和结构的不同,不同电阻所能承受的最大功率不同。额定功率是电阻在特定条件下长期工作所能承受的最大功率,单位为瓦特,符号为 W。如果工作时电阻的功率超过这一最大值,则电阻器就会烧坏。电阻的额定功率有 $(1/16)$W、$(1/8)$W、$(1/4)$W、$(1/2)$W、1W、2W、3W、4W、5W、10W 等多种。其中 $(1/8)$W、$(1/4)$W、$(1/2)$W 最为常见,不过,在大电流场合,大功率的电阻也用得很普遍。

(3) 精度。一个具体电阻的实际阻值与其标称值之间往往有一定的差别,这种差别的大小就反映了电阻的精度,或者称为偏差,通常用偏差值与标称值的百分比表示。通常电阻的允许偏差有 $\pm 0.5\%$、$\pm 1\%$、$\pm 2\%$、$\pm 5\%$、$\pm 10\%$、$\pm 20\%$。

电阻的允许偏差通常用字母表示,如表 2-2 所示。比如,J 表示 $\pm 5\%$,K 表示 $\pm 10\%$。

表 2-2 电阻允许偏差的符号及意义

符 号	意 义	符 号	意 义
Y	$\pm 0.001\%$	D	$\pm 0.5\%$
X	$\pm 0.002\%$	F	$\pm 1\%$
E	$\pm 0.005\%$	G	$\pm 2\%$

符　号	意　义	符　号	意　义
L	±0.01%	J	±5%
P	±0.02%	K	±10%
W	±0.05%	M	±20%
B	±0.1%	N	±30%
C	±0.25%		

（4）温度系数。电阻阻值都有随温度变化而改变的特性,描述这种特性的参数就是温度系数。温度系数是电阻在正常工作条件下,温度变化1℃时阻值的相对变化量。

假定在温度 t_1 时,电阻阻值为 R_1,在温度 t_2 时,阻值为 R_2,则该电阻的温度系数 α_T 为

$$\alpha_T = \frac{R_2 - R_1}{R_1(t_2 - t_1)}$$

温度系数有正负之分,如果某种电阻的温度系数为正值,则表示随着温度的升高电阻增加;如果某种电阻的温度系数为负值,则说明该电阻的阻值随着温度的升高而下降。有时用 ppm 来表示电阻的温度系数,$1\text{ppm} = 10^{-6}$。

绕线电阻的温度系数为 $\pm(8\sim20)\%$,碳膜电阻的温度系数为 $-(6\sim20)\%$,金属膜电阻的温度系数为 $(6\sim20)\%$。

2.1.2　电阻的计算

1. 电阻阻值的计算

柱形导体的电阻计算公式如下:

$$R = \frac{\rho L}{S}$$

其中,R 为电阻阻值,单位为欧姆（Ω);S 为导体截面积,单位为平方米（m^2);L 为导体长度,单位为米（m）;ρ 为导体的电阻率,与材料有关系,单位为欧姆·米（$\Omega \cdot \text{m}$),如铜的电阻率为 $0.0172\Omega \cdot \text{m}$,铝的电阻率为 $0.029\Omega \cdot \text{m}$,银的电阻率为 $0.016\Omega \cdot \text{m}$,康铜丝的电阻率为 $0.5\Omega \cdot \text{m}$。

实际电阻很少用以上公式来计算阻值,但通过该公式可以看出,导体越长,截面积越小,电阻率越高,则电阻值越大,反之电阻值越小。

2. 欧姆定律

欧姆定律描述的是电阻上电流与电压的关系。设电阻阻值为 R,其两端电压为 u。则通过该电阻的电流 i 可以用如下公式计算:

$$i = \frac{u}{R}$$

该定律既可用于直流电压,也可用于交流电压。电压的单位为伏(V),电流的单位为安培(A),电阻的单位为欧姆(Ω)。

欧姆定律的公式也可写成如下形式:

$$R = \frac{u}{i} \quad 或 \quad u = i \cdot R$$

3. 电阻的串并联

当电阻的阻值为非标称值,或者手头的电阻额定功率不够用时,经常将电阻串联或并联使用。电阻串、并联后阻值的计算如下。

1)电阻的串联

如图 2-2 所示,阻值分别为 $R_1, R_2, R_3, \cdots, R_n$ 的电阻串联后,其等效电阻 R 为

$$R = R_1 + R_2 + R_3 + \cdots + R_n$$

即电阻串联后,总的电阻为各电阻阻值之和。由于所有电阻的电流相等,根据欧姆定律可知,每个电阻上的电压与电阻的阻值成正比。即阻值为 R_i 的电阻上的电压为

$$u_i = u \frac{R_i}{R}$$

特别地,当只有两个电阻 R_1 和 R_2 时,两电阻电压分别为

$$u_1 = u \frac{R_1}{R_1 + R_2}$$

$$u_2 = u \frac{R_2}{R_1 + R_2}$$

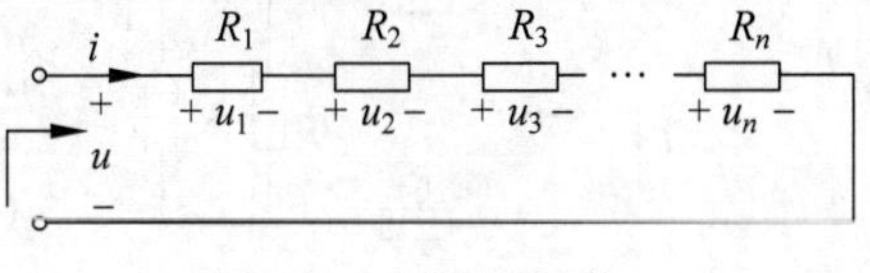

图 2-2 电阻的串联

2)电阻的并联

如图 2-3 所示电路中,阻值分别为 $R_1, R_2, R_3, \cdots, R_n$ 的电阻并联后,其等效电阻 R 为

$$R = \frac{1}{\dfrac{1}{R_1} + \dfrac{1}{R_2} + \dfrac{1}{R_3} + \cdots + \dfrac{1}{R_n}}$$

由于所有电阻上的电压相同,由欧姆定律可知,每个电阻上的电流与阻值成反比,即阻值为 R_i 的电阻上的电流为

$$i_i = \frac{\dfrac{1}{R_i}}{\dfrac{1}{R}}$$

特别地,两电阻并联时,等效电阻为

$$R = \frac{R_1 R_2}{R_1 + R_2}$$

每个电阻上的电流分别为

$$i_1 = i \frac{R_2}{R_1 + R_2}$$

$$i_2 = i \frac{R_1}{R_1 + R_2}$$

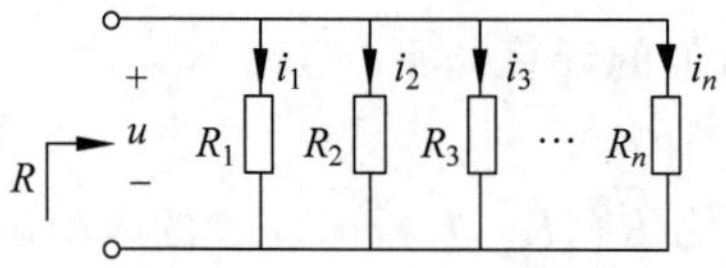

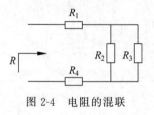

图 2-3　电阻的并联

3）电路的混联

通常情况下,电阻不是简单的并联或串联关系,而是关系较为复杂的混联状态。这种情况下,只能根据电阻串并联的关系,一步步地计算。

如图 2-4 所示,计算其等效电阻 R。首先将电阻 R_2 和 R_3 并联,等效电阻为 $\dfrac{R_2 R_3}{R_2 + R_3}$,然后与 R_1 和 R_4 串联,所以总的电阻为 $R_1 + \dfrac{R_2 R_3}{R_2 + R_3} + R_4$。对于电阻混联,没有具体的计算公式,只能根据电路结构逐步分析计算。

图 2-4　电阻的混联

4. 电阻功率的计算

任何二端元件,如果流过的电流为 i,其两端的电压为 u,且 i 和 u 为关联参考方向,则该元件的瞬时功率为

$$p = u \cdot i$$

电压单位为 V,电流单位为 A,功率单位为 W。该公式是通用公式,适用于任何元件。

对于电阻元件,设电阻两端电压为 u,电流为 i,电阻的阻值为 R,总该电阻的功率为

$$p = u \cdot i = \frac{u^2}{R} = i^2 \cdot R$$

注意,以上公式可以为瞬时值表达式,也可以为交流信号的有效值表达式。

2.1.3 特殊用途的电阻

除了普通电阻以外,还经常使用特殊电阻,下面分别简要介绍。

1. 保险电阻

保险电阻既有电阻的限流功能,又有保险丝的熔断功能。有两种保险电阻:一种是一次性的,即熔断后只能换新的;另一种是可恢复性的,即电流下降后,又保持电路的连通。其符号如下:

2. 电位器

在很多场合下,电阻的阻值需要临时调整,就要用到电位器。通常可以通过转动调整轴来改变电阻的阻值。其符号如下:

3. 热敏电阻

热敏电阻的阻值随着温度的改变会发生明显的变化,据此特性可以制作温度传感器。热敏电阻分为正温度系数和负温度系数两种,正温度系数电阻随着温度的增加,阻值增加,而负温度系数电阻则随着温度的增加,阻值减小。其符号如下:

4. 光敏电阻

光敏电阻的阻值会随着外界光照强弱而变化。其符号如下:

5. 压敏电阻

压敏电阻的阻值与外加电压的变化成反比。其符号如下:

6. 湿敏电阻

湿敏电阻的阻值随着环境的相对湿度而变化,可用作湿度传感器。其符号如下:

7. 力敏电阻

力敏电阻利用半导体的压电效应,能将机械力转化为电信号。其符号如下:

8. 磁敏电阻

磁敏电阻又称磁控电阻,是一种对磁场敏感的半导体元件,可以将磁感应信号转变为电信号。其符号如下:

以上特种电阻本质上都是电阻元件,因此都具有普通电阻的特性。只是这些特殊电阻的阻值受某些外在条件的影响变化比较明显而已,通常用作传感器。读者需要识别符号,以便在看图纸时能知道该符号表示的意义。

2.1.4 电阻的参数标注

通过参数标注识别,可以不用测量就很快读取电阻的阻值。这在手头没有测量仪器,或者电阻已经焊接在电路板上不易测量的情况下,是非常有用的方法。电阻的标注方法主要有以下几种。

1. 直标法

直标法是将电阻的阻值用阿拉伯数字、允许误差用百分比直接标注在电阻器的表面。通常用于体积较大的电阻。直标法可以直接读取电阻的参数信息,如:
2.2kΩ ±5%,5W 4.7Ω±10%。

2. 文字符号法

文字符号法是将电阻值用数字与符号组合在一起表示。通常文字符号 Ω、K、M 前面的数字表示整数电阻值,文字符号后面的数字表示小数点后面的小数阻值,而允许偏差用符号表示,字母符号与允许偏差的对应关系见表 2-2。

例如,4K7J 表示电阻的阻值为 4.7kΩ,允许偏差为±5%。3R3K 表示阻值为 3.3Ω,允许偏差为±10%。

有时电阻的阻值只有小数点前的数值,或只有小数点后的数值。例如,10R 表示电阻阻值为 10Ω,而 R47 表示电阻阻值为 0.47Ω。

3. 三位数字标注法

贴片器件因其体积小通常采用此标注方法。标注的三位数中,前两位表示一个两位的有效数字,第三位表示该电阻前两位数字后零的个数。

例如,275 表示电阻的阻值为 $27 \times 10^5 \Omega$,100 表示阻值为 $10 \times 10^0 \Omega$,即 10Ω。

对于高精度电阻,有时采用四位数字标注法,前三位为有效数字,第四位表示零的个数。如 2752 表示 $275 \times 10^2 \Omega$,即 $27.5k\Omega$。

4. 色环表示法

色环表示法是用标在电阻器上的不同颜色的色环来标注电阻值和允许偏差。常见的色环表示法有四色环和五色环两种,如图 2-5 所示。对于四色环,前两个环表示有效数字,第三个环表示被乘数,第四个色环表示允许偏差。对于五色环,前三个色环表示有效数字,第四个色环表示被乘数,第五个色环表示允许偏差。

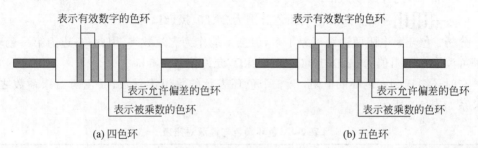

(a) 四色环　　　　　　　　　　　　　(b) 五色环

图 2-5　电阻的色环表示法

不同的颜色代表不同的意义,颜色表示的数字和允许偏差如表 2-3 所示。

表 2-3　色环表示的意义

色环颜色	色环所处的位置		
	有 效 数 字	被 乘 数	允 许 偏 差
银	—	10^{-2}	$\pm 10\%$
金	—	10^{-1}	$\pm 5\%$
黑	0	10^{0}	—
棕	1	10^{1}	$\pm 1\%$
红	2	10^{2}	$\pm 2\%$
橙	3	10^{3}	—
黄	4	10^{4}	—
绿	5	10^{5}	$\pm 0.5\%$
蓝	6	10^{6}	$\pm 0.25\%$
紫	7	10^{7}	$\pm 0.1\%$
灰	8	10^{8}	—
白	9	10^{9}	—
无色	—	—	$\pm 20\%$

表 2-3 中,金、银和无色使用较多,一般用于四色环电阻。对于高精度的五色环电阻,其余颜色使用较多。

注意,色环表示法中离电阻边缘最近的为第一色环。有时电阻较小,色环离两边的距离差不多,这就需要分别读取,然后取合理的值了。如果电阻过大,或者过小,均为不合理的阻值,可以摒弃。

例如色环如下所示,其表示的电阻阻值和允许偏差为多少?

(1) ——从左到右色环颜色分别为棕、红、黑、黄、红。

分析:这是一个五色环,前三个色环表示的有效数字为 120,第四个色环表示的被乘数为 10^4,第五个色环表示的允许偏差为 $\pm2\%$,则该电阻的阻值为 120×10^4,即 $1.2\mathrm{M}\Omega$,允许偏差为 $\pm2\%$。

(2) ——从左到右色环颜色分别为银、橙、红、红。

分析:右边为第一色环,因此有效数字为 22,被乘数为 10^3,因此电阻的阻值为 $22\times10^3\Omega$,即 $22\mathrm{k}\Omega$,允许偏差为 $\pm10\%$。

(3) ——从左到右色环颜色分别为金、红、黑、红、棕。

分析:色环离电阻两边距离差不多,但金不能作为有效数字,因此,右边为第一色环。同理可读取电阻阻值为 $120\times10^2\Omega$,即 $1.2\mathrm{k}\Omega$,允许偏差为 5%。

有时还会遇到六色环的电阻,第 6 个色环表示的是温漂系数,颜色与温漂系数之间的关系如表 2-4 所示。

表 2-4　色环颜色与温漂对照表

颜色	白	紫	蓝	棕	红	橙	黄
温漂/(ppm·℃$^{-1}$)	1	5	10	100	50	15	25

2.1.5　电阻的功能

1. 与其他元件一起使用

电阻虽然是应用最为广泛的元件,但很多时候都是与其他元件配合使用从而实现一定的功能,后面章节中再详细介绍。

2. 分压

电阻单独使用经常用作分压电路。根据欧姆定律,电阻两端电压与阻值成正比,据此,通过调整电阻的阻值,可以在给定的电压中得到较小的电压。如图 2-6 所示的电路,输出电压值为

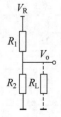

图 2-6　电阻的分压作用

$$V_\mathrm{o}=\frac{R_2}{R_1+R_2}V_R$$

如果 V_o 接上负载 R_L,则实际输出电压为

$$V_\mathrm{o}=\frac{R_2'}{R_1+R_2'}V_R$$

其中,$R_2'=R_2/\!/R_\mathrm{L}$。只有当 $R_\mathrm{L}\gg R_2$ 时,$R_2'\approx R_2$,才可以忽略 R_L 的影响。

3. 限流

由欧姆定律可知,电阻越大,其电流越小。如果负载电阻过小,则在输入电压不可调的情况下,为了减小电流,通常串以适当电阻来减小电流,此时电阻充当了限流的作用。我们经常使用的 LED 灯手电筒中就大量用到限流电阻,如图 2-7 所示。LED 的导通电阻很小,为了防止因电流过大而将灯管烧坏,每只 LED 灯管都串联一个电阻。

4. 传感器

电阻还可作传感器用,用于将非电物理量转换为电压或电流。典型的温度传感器电路如图 2-8 所示。

图 2-7　电阻的限流功能

图 2-8　电阻用作传感器

2.2　电容

电容也是应用非常多的元器件,其使用量仅次于电阻。与电阻相比,电容更容易出故障,而且不易检测。

2.2.1　电容的基础知识

1. 电容的定义

电容是一种能储存电能的元件,它的原理结构非常简单,主要由两个互相靠近的导体中间夹一层不导电的绝缘介质构成。我们在中学学习过的平行板电容器结构如图 2-9 所示,只要在两导体平行板上加上电压,就会在两平行板上积累电荷,在中间介质中形成电场。但实际电容器产品通常不是简单的平行板形状,为了便于封装,通常制成圆柱形或长方体形的多重层叠结构。

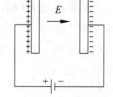
图 2-9　平行板电容器

电容元件的伏安关系为微积分关系,如下所示:

$$i = C \frac{\mathrm{d}u}{\mathrm{d}t}$$

即电流与电压的微分(对时间的变化率)成正比,其比例系数 C 为常数,C 就是电容的电容量,是电容最主要的参数。

只要二端元件保持上式的伏安关系,就称其为电容。至于内部结构,我们在使用时不必关心。图 2-10 为常见的电容器实物。

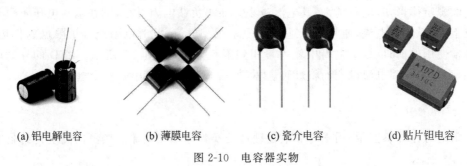

(a) 铝电解电容 (b) 薄膜电容 (c) 瓷介电容 (d) 贴片钽电容

图 2-10 电容器实物

2. 电容的符号

电容(Capacitor)的字母符号为 C,分有无极性电容和有极性电容两种。电容的电路符号如下,有极性电容均以右边为正极。

无极性电容: ⎯||⎯   有极性电容: ⎯|⁺ ⎯|⎯   ⎯||⎯   ⎯|▯|⎯

3. 主要参数

(1) 电容量。与阻值描述电阻大小一样,电容量描述了电容值的大小。其标准单位为法拉,字母符号为 F。但法拉是一个巨大的单位,常用的单位有微法(μF)、纳法(nF)和皮法(pF),它们与法拉之间的关系如下:

$$1\mu F = 10^{-6}F \quad 1nF = 10^{-9}F \quad 1pF = 10^{-12}F$$

与电阻一样,标准电容也有一组标称值。例如,有 47μF 的电容,但没有 50μF 的电容,因为 5.0 不是标称值。

(2) 耐压(额定电压)。耐压是电容长期工作所能承受的最大电压。电容的额定电压有:6.3V,10V,16V,25V,32V,50V,63V,100V,160V,250V,400V,450V,500V,630V,1000V,1200V,1500V,1600V,1800V,2000V。

注意:电容能承受的交流电压低于直流电压,标称耐压值为直流电压。

(3) 允许偏差(精度)。其意义与电阻一样,通常用字母表示。允许偏差与字母的对照表见表 2-2。

(4) 其他。其他参数还包括漏电流、绝缘电阻、损耗因数、温度系数、频率特性等,在此不做过多介绍。

4. 电容的功能

(1) 隔直通交。这是电容最重要的功能。如图 2-11 所示,若信号源为直流,则电路稳定后电阻上没有电流,因为电容对直流来说,相当于开路。由电容的伏安关系也很容易理解,在 $i = C\dfrac{\mathrm{d}u}{\mathrm{d}t}$ 中,直流电压 u 为常数,它的微分为 0,因此电流 $i=0$。

但若信号源不是直流,而是交流,则电压瞬时值为正时,通过电阻给电容充电,电容电压上升,在电压为负时,电容上的电荷又通过电阻放电,电容电压下降。这种充放电的过程不断重复,就在电阻上形成了交流电流。因此,电容是可以通过交流电流的。我们通常把电容的这种特性称为隔直通交。当我们需要交流信号通过,又不希望直流信号通过时,可以使用电容。

图 2-11 电容的隔直通交功能

电阻有阻值,电容也有类似的参数,我们称为阻抗,注意阻抗只是针对交流信号来说的,对直流信号而言,电容的阻抗为无穷大。电容的阻抗计算公式如下:

$$Z_C = \frac{1}{2\pi f C}$$

其中 f 为交流信号的频率,单位为 Hz;C 为电容的电容量,单位为 F。Z_C 的单位与电阻一样,也为 Ω。

(2)滤波。如图 2-12 所示,输入一个方波后,由于电容的作用,输出变为有一定纹波的直流电压。电容越大,纹波越小,滤波效果越好。这就是电容的滤波作用。电容之所以具有滤波作用,源于它的一个重要性质,就是电容两端电压不能突变,只能缓慢变化。对于变化较快的高频信号,电容上的电压几乎不跟着变化,就相当于将高频成分给滤掉了。

滤波分为电源滤波和信号滤波两种,电源滤波是要尽可能地滤除所有交流成分,只保留直流部分。而信号滤波则根据实际需要,滤除不需要的频率分量,保留需要的频率成分。

(3)储能。如图 2-13 所示,待电路稳定后,如果将开关突然断开,则电容两端还会存在电压,说明电容具有储能的功能。理论上来说,如果不给电容一个放电电路,它存储的能量就永远不会消失。但实际上由于电容都有等效的寄生电阻,能量会在寄生电阻中慢慢消耗掉。所以长时间放置的电容是不会带电的。

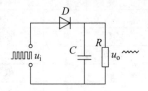

图 2-12 电容的滤波作用

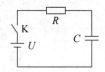

图 2-13 电容的储能作用

5.分类

与电阻一样,生产材料和工艺结构不同,电容的特性也不相同。电容可以分为两大类,即有极性电容和无极性电容。

(1)有极性电容。有极性电容的两个电极有正负之分,使用时正极性端一定要连接电路的高电位处,负极性端连接电路的低电位处,否则就会引起电容的损坏。

有极性电容亦称电解电容,按材料可分为铝电解电容、钽电解电容和铌电解电容。其中,铝电解电容容量大,但漏电也大,且频率特性差,仅限于低频电路。钽电解电容的温度特性、频率特性和可靠性均比铝电解电容好,特别是其漏电流极小。但耐压低,价格也比铝电解电容昂贵。而铌电解电容体积更小,性能更好,自然价格更贵。

注意:电解电容内部并没有电解液,而是涂敷在纸上的电解质。

(2)无极性电容。无极性电容的两个引脚无正负极性之分,使用时可以互换连接。根据绝缘介质的不同,可以分为纸介电容、瓷介电容、云母电容、涤纶电容、玻璃釉电容和聚苯乙烯电容等。

纸介电容:容量大,耐压高,价格低,但体积大,损耗大,稳定性差,存在较大的固有电感,不宜在频率较高的电路中使用。

瓷介电容:以陶瓷材料作为介质,其外层常涂有各种材料的保护漆,并在陶瓷片上覆银制成电极。这种电容器损耗小,稳定性好,耐高温。

瓷介电容按材料还可分为1类、2类、3类和独石四种。其中独石电容是特制的瓷介电容,以钛酸钡为主,温度特性好,体积小,耐压通常为63V。

云母电容:以云母为介质,可靠性高,频率特性好,适用于高频电路。

涤纶电容:以涤纶薄膜为介质,成本低,耐热、耐压和耐潮湿性能都很好,但稳定性较差。

玻璃釉电容:使用的介质一般是玻璃釉粉压制的薄片,通过调整釉粉的比例,可以得到不同性能的电容。这种电容介电系数大,耐高温、抗潮湿性能好,损耗低。

聚苯依稀电容:以非极性的聚苯乙烯薄膜为介质,成本低,损耗小。

此外,无极性电容中还有一类特殊的电容,其电容量可以调整,称为可变电容。可变电容主要用于在接收电路中进行信号的选择,即调谐。其电路符号为: ⎯⧳⎯。

不同种类的电容在标注时常用字母表示,电容种类和表示字母对照如表2-5所示。

表2-5 电容器材料的表示符号

符 号	材 料	符 号	材 料
A	钽电解	L	聚酯等有机膜
B	聚苯乙烯	N	铌电解
C	高频陶瓷	O	玻璃膜
D	铝、铝电解	Q	漆膜
E	其他材料	T	低频陶瓷
G	合金	V	云母纸
H	纸膜复合	Y	云母
I	玻璃釉	Z	纸介
J	金属化纸介		

6. 电容的标注

电容通常使用直标法,就是通过符号或代码将电容的主要参数标注在电容器外壳上。不同的电容标注方法往往不同,标注的信息一般包括产品名称(用字母C表示)、电容材料、电容类型、序号(常被忽略)、容量、耐压、允许偏差等。下面举例说明。

(1) CD 2200μF/50V +85℃ K,表示铝电解电容,容量为 2200μF,耐压为 50V,最高工作温度为 85℃,允许偏差为 ±10%。

(2) CC 4700 K 630V,表示瓷介电容,容量为 4700pF,允许偏差为 ±10%,耐压为 630V。

(3) CA 470μF/100V J,表示钽电解电容,容量为 470μF,耐压为 100V,允许偏差为 ±5%。

电容标注有时也使用简标法,特别是对于体积较小的电容。对于简标法,并没有把电容所有的主要参数标注在电容器上,需要向厂商索要相关参数。简标的几个例子如下。

(1) A 4.7 10V,A 表示钽电容,4.7 表示 4.7μF,耐压为 10V。

(2) CB1000,CB 表示聚苯乙烯电容,容量为 1000pF。

贴片电容也有用三位数字表示的方法,如 684,表示容量为 $68×10^4$ pF,即 0.68μF。

注意:简标法中,表示容量的数字后面通常不带单位,通常情况下,对于电解电容,默认单位为 μF,而对于无极性电容,默认单位为 pF。

7. 电容极性的辨别

有极性电容在使用过程中一定要正确区分极性。电容器上除了标注电容参数外,也对电容的极性进行了标注。如何区分电容的正负极呢?

对于直插的新电容,可以通过引脚的长短来区分。通常相对较长的引脚为正极,另一端为负极。但这种方法对已经使用过的器件不管用,因为引脚通常会被剪到同样长。

电解电容器的外壳上标注有"一"的一端为负极,另一端为正极。

对于贴片电容,在上部有一端画有一道横线,这一端为电容的正极。下图为某钽电容上表面,则右端为电容的正极。

47μF

有些电容的顶部一端带有颜色,带有颜色的一端为电容的负极。

2.2.2 电容的计算

1. 基本计算

(1) 两个导体间电容的计算。两导体间电容的计算公式如下:

$$C = \frac{Q}{U}$$

其中,Q 为两导体携带等量异性电荷量,单位为库仑(C);U 为两导体间电位差,单位为伏(V);C 为电容量,单位为法(F)。

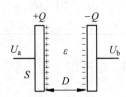

图 2-14 平行板电容的计算

（2）平行板导体间电容的计算。

如图 2-14 所示的平行板电容器，其电容量计算公式为

$$C = \frac{Q}{U_{ab}} = \frac{\varepsilon S}{D}$$

其中，ε 为介质的介电常数，S 为平行板面积，D 为两平行板距离。

2. 电容串并联的计算

（1）电容串联的计算。

如图 2-15 所示，电容量分别为 $C_1, C_2, C_3, \cdots, C_n$ 的 n 个电容串联，则总的电容为

$$C = \frac{1}{\dfrac{1}{C_1} + \dfrac{1}{C_2} + \dfrac{1}{C_3} + \cdots + \dfrac{1}{C_n}}$$

当 n 个电容串联后，每个电容的电荷 Q 均相等，中间电容上的电荷由感应产生，则各电容电压为 $U_{C1} = \dfrac{C}{C_1} U, U_{C2} = \dfrac{C}{C_2} U, U_{C3} = \dfrac{C}{C_3} U, \cdots, U_{Cn} = \dfrac{C}{C_n} U$。

特别地，当 $C_1 = C_2 = C_3 = \cdots = C_n = C_0$ 时，有

$$C = \frac{C_0}{n}$$

当只有两个电容 C_1 和 C_2 时，有

$$C = \frac{C_1 C_2}{C_1 + C_2}$$

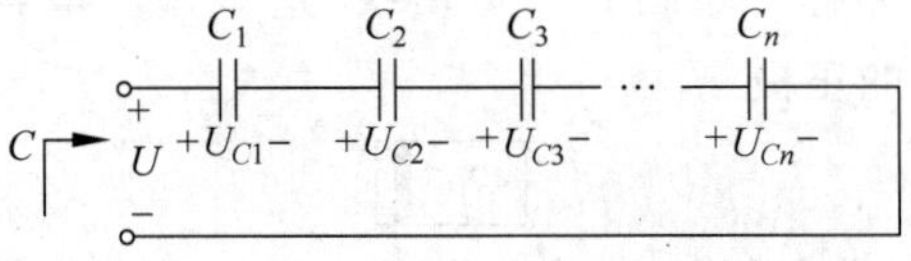

图 2-15 电容的串联

（2）电容并联的计算。

如图 2-16 所示电路中，电容量分别为 $C_1, C_2, C_3, \cdots, C_n$ 的 n 个电容并联，则总的电容为

$$C = C_1 + C_2 + C_3 + \cdots + C_n$$

特别地，当 $C_1 = C_2 = C_3 = \cdots = C_n = C_0$ 时，有

$$C = nC_0$$

（3）电容的混联。实际电路中，往往是多个电容的混联，与电阻在混联一样，需要根据串联和并联的计算公式，逐步计算总的等效电容。

如求图 2-17 中 A、B 之间的等效电容。

分析：首先 C_1 和 C_2 并联，等效电容为 $5\mu F$，再与 C_3 串联，等效电容为 $2.5\mu F$，然后与 C_4 并联，所以最后的等效电容为 $5\mu F$。

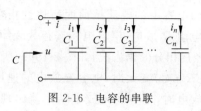

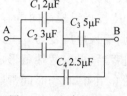

图 2-16 电容的串联   图 2-17 电容的混联

3．电容储能的计算

电容是一储能元件，存储的能量与电容量和其两端的电压有关，计算公式如下：

$$W = \frac{1}{2}CU^2$$

其中，W 为存储的能量，单位为焦耳（J）；C 为电容量，单位为法（F）；U 为该电容两端的电压，单位为伏（V）。

由该公式看出，电容上存储的能量与电压的平方成正比。由于能量是不能突变的，所以对于电容来说，其两端的电压也不能突变。电压不能突变是电容的一个重要性质。

2.2.3 电容的检测

电阻的常见故障有两种，一种是变值（阻值变得非常小），另一种是断裂开路，通过测试阻值即可判断电阻的好坏。但电容的检测就复杂多了。电容常见故障有击穿短路、漏电、软击穿（静态测量正常，在加电工作时表现出击穿特性）、变值、开路等，其故障检测也相对比较麻烦。电容的检测很多时候要靠经验和对电路工作原理的理解，但也是有一般规律可以遵循的。

（1）外观检测。观察电容器是否因击穿或漏电而烧焦，是否出现裂缝或裂纹。如果出现外观上的损伤，很可能出现故障。

（2）静态检测测量标称值（静态检测）。用万用表的电容挡或者电桥测量电容量。如果测量结果非常接近标称值，可以认为电容器正常。如果测量结果较大地偏离标称值，可判断为漏电严重。若无电容值，则可判断为开路（确认接触良好）。注意，对于大容量电容，在测试前一定要用电阻将电容两只引脚短路，将电容上存储的电荷放掉，否则会影响检测结果。

（3）在电路中分析电容器是否完好（动态检测）。对于软击穿故障，在静态条件下不容易检测出故障，需要针对具体电路分析和判断。这就需要对电路的工作原理非常熟悉，对检测者的电路知识要求较高。

2.2.4 电容的应用电路

1．积分滤波电路

利用电容电压不能突变的特性可以用于积分滤波电路。RC 积分滤波电路如图 2-18

所示,设输入波形为矩形波,如图 2-19(a)所示。在高电平期间,输入电压 u_i 保持为 U_m,U_m 通过电阻 R 按指数规律向电容 C 充电,电容上的电压按前面所述的指数规律上升。在低电平期间,输入电压变为 0,电容通过电阻 R 放电,电容电压按指数规律下降。这样通过充放电过程后,电容两端就形成一个经过积分的锯齿波,如图 2-19(b)所示。

由前面的介绍可知,当时间常数 $\tau(\tau=R\cdot C)$ 变大时,电容充放电的速度变慢,充电时电容电压还未达到最大值就开始放电,放电时,电容还未放电结束就出现下一个充电周期。这样周而复始,就形成了如图 2-19(c)所示的波形。矩形波经过积分滤波后,变为一个带有一定纹波的直流信号。τ 越大,直流信号的纹波就越小。

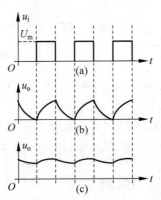

图 2-19　RC 积分电路波形

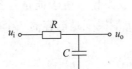

图 2-18　RC 积分电路

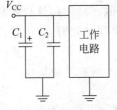

图 2-20　电容的退耦作用

2. 退耦电路

任何电路都需要供电电源,在开关机或者工作状态切换时,供电电流会发生短时间的突变,给电路造成冲击。为了减小电流冲击对电路的影响,通常在供电电源处并联两只电容器,其中一只容量较大,通常使用 $1\sim10\mu F$ 的电容,另一只容量较小,通常为 $0.1\mu F$ 左右,如图 2-20 所示。

退耦电容相当于蓄水池的作用。电流冲击会使供电电压突然变高或者突然降低,但由于有退耦电容,当电源电压变高时,会给电容充电,所以电压不会产生过高的冲击;当电源突然变低时,电容会给电路放电,电压也不会突变。正常工作时,退耦电容几乎不产生什么作用,但一旦电路出现电流冲击,利用电容电压不能突变的性质,退耦电容就能保持供电电压基本不变,从而减小电流冲击对电路的影响。

有人可能会产生一个疑问:既然有了一个大电容,为什么还要并联一个小电容呢?实际电容都存在一定的寄生电感和寄生电阻,特别是对高频信号,这些寄生电感和电阻会对电路产生不良影响。电容量越大,寄生电感和寄生电阻越大,因此在高频情况下,大电容已不再是纯电容,而是趋于电感的特性。所以还需要并联一个小电容,用于滤除高频干扰。

3. 无源滤波电路

滤波器是信号处理中经常使用的电路,用于选择所需频率的信号,而将不需要的信号滤除。滤波器根据滤波要求可分为高通滤波、低通滤波和带通滤波等类型。

滤波电路可分为有源滤波器和无源滤波器两种,有源滤波器需要供电电源,一般由运放和无源器件构成。而无源滤波不需要电容,由分立元器件构成。电容和电阻可以构成最简单的无源信号滤波电路。

(1) 无源高通滤波器。电路如图 2-21 所示,该电路的工作原理简单介绍如下。

我们前面介绍过,电容的阻抗 $Z_C = \dfrac{1}{2\pi f_C}$,频率越高,阻抗越小,频率越低,阻抗越大。对该电路而言,当频率较高时,Z_C 较小,所以输入信号大部分由电阻 R 承担,所以输出信号较大。当频率较低时,Z_C 较大,所以输入信号大部分由电容 C 承担,所以输出信号较小。因此该电路对低频信号的阻挡较大,而对高频信号的阻挡较小,所以就构成了高通电路。

该电路的频率响应曲线如图 2-22 所示。其中 f_L 为下限截止频率,认为该频率以下的信号都被滤除了。f_L 由 RC 确定,$f_L = \dfrac{1}{2\pi RC}$。

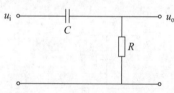

图 2-21 无源高通滤波器电路

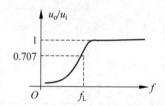

图 2-22 高通滤波器的频率特性曲线

(2) 无源低通滤波器。无源低通滤波器电路如图 2-23 所示。高频信号将被电容 C 滤掉,而低频信号则能通过。所以该电路构成了低通滤波器。其频率响应曲线如图 2-24 所示。f_H 为上限截止频率,且 $f_H = \dfrac{1}{2\pi RC}$。

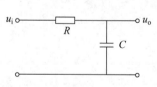

图 2-23 无源低通滤波器电路

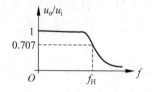

图 2-24 低通滤波器的频率特性曲线

(3) 无源带通滤波器。如图 2-25 所示,带通滤波器实际上是低通滤波和高通滤波的串联。当信号频率很高时,由于 C_2 的阻挡,信号不能通过;当信号频率很低时,由于 C_1 的滤波作用,信号也不能通过。设 R_1、C_1 构成的低通滤波器截止频率为 f_H,R_2、C_2 构成的高通滤波器截止频率为 f_L，则只有频率介于 f_L 和 f_H 之间的信号能通过，就构成了带通滤波器。

带通滤波器频率响应曲线如图 2-26 所示，其中 $f_H=\dfrac{1}{2\pi R_1 C_1}$, $f_L=\dfrac{1}{2\pi R_2 C_2}$。则带通滤波器的带宽 $BW=f_H-f_L$。

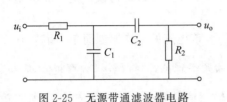

| 图 2-25 无源带通滤波器电路 | 图 2-26 带通滤波器的频率特性曲线 |

（4）多级滤波器。以上滤波器边缘都不够陡峭，为了解决这个问题，通常使用多级滤波器。如图 2-27(a) 为多级高通滤波器，图 2-27(b) 为多级低通滤波器。

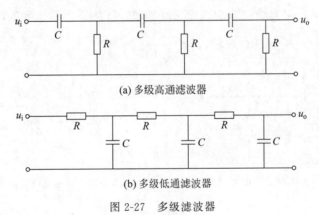

(a) 多级高通滤波器

(b) 多级低通滤波器

图 2-27 多级滤波器

2.3 电感

前面介绍过的电容是将电能转化为电场能的元器件。电感也是一种储能元件，它可以将电能转换为磁能并存储起来。

2.3.1 电感的基础知识

1. 符号

电感通常用字母 L 表示，电路符号有以下几种。注意电感符号与电阻符号的区别。

2. 结构

电感结构如图 2-28 所示。电感分为空心电感和带磁芯电感两种。

（1）空心电感。将导体绕制成螺旋状，并通以电流，就会在电感中间形成磁通 Φ，磁通越强，表明存储的磁场能量越多。如果电流变化，磁通也发生变化，变化的磁通将在电感两端产生电动势。

（2）磁芯电感。如果在螺旋线中间放一磁芯，磁通 Φ 将明显增强，表明电感储存磁场能的能力增强。因此，电感往往是带磁芯的。

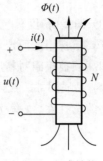

图 2-28　电感结构

图 2-29 为各种电感实物。

图 2-29　电感实物

3. 电感的主要参数

（1）电感量。电感量就像前面介绍的电阻的阻值与电容的电容量一样，是描述电感存储能量的能力的物理量。在电感中通以电流 i 就会产生磁通 Φ，电感量定义为磁通与电流的比值，即

$$L = \frac{\Phi}{i}$$

其中，磁通的单位为韦伯（Wb），电流的单位为安培（A）。电感的单位为亨利（简称"亨"），字母符号为 H。H 是一个较大的电感单位，通常还使用毫亨（mH）和微亨（μH），它们与亨的关系如下：

$$1\mathrm{mH} = 10^{-3}\,\mathrm{H} \quad 1\mu\mathrm{H} = 10^{-6}\,\mathrm{H}$$

（2）额定电流。电感工作时存在绕线损耗和磁芯损耗，会导致温度上升，影响电感性能，甚至导致电感失效和损坏。因此电感工作时，一定要注意电流不能超过所能承受的

范围。电感正常工作时允许的最大工作电流称为额定电流,是选择电感所必须考虑的重要参数。

(3) 偏差(精度)。实际电感量与要求电感量间的误差称为偏差,或称精度。对电感的精度要求视用途而定,振荡电路中对电感精度要求较高,通常为 $0.2\%\sim0.5\%$,而耦合电感和高频扼流圈对精度要求较低,允许为 $10\%\sim15\%$。

(4) 品质因数。品质因数用来表示电感损耗的大小,用字母 Q 表示。Q 值的大小影响回路的选择性、效率、滤波特性及频率的稳定性。Q 的计算公式为

$$Q = \frac{\omega L}{R}$$

其中,ω 为工作角频率,L 为电感量,R 为电感总的损耗电阻。Q 值越大,损耗越小。

4. 电感的测量

电感测量需要使用电桥或者万用表的电感挡位(有些万用表不具备这个功能),其测量方法与电阻和电容的测量方法类似,在此不做过多介绍。注意,电桥测量电感时需要设置测量频率,因为不同频率下,电感的阻抗是不同的,测量出来的电感量也会有所差异。

2.3.2 电感的计算

1. 电感串并联的计算

计算方法和公式同电阻。n 个电感串联后的等效电感量为

$$L = L_1 + L_2 + L_3 + \cdots + L_n$$

n 个电感并联后的等效电感为

$$L = \frac{1}{\dfrac{1}{L_1} + \dfrac{1}{L_2} + \dfrac{1}{L_3} + \cdots + \dfrac{1}{L_n}}$$

特别地,两个电感 L_1 和 L_2 串联后,等效电感 $L = L_1 + L_2$。

两个电感 L_1 和 L_2 并联后,等效电感 $L = \dfrac{L_1 L_2}{L_1 + L_2}$。

2. 电感储能的计算

电感的储能与电流有关,其计算公式为

$$W = \frac{1}{2}LI^2$$

其中,W 为存储的能量,单位为焦耳(J);L 为电感,单位为亨(H);I 为流过电感的电流,单位为安(A)。

当电流增加时,电感储能增加,吸收能量;当电流减小时,电感储能减少,释放能量。

3. 电感量与匝数之间的关系

无论是空心电感还是磁芯电感,其电感量都正比于匝数 N^2。例如当 $N=5$ 时,若电感量 $L=1\text{mH}$,则当 $N=10$ 时,电感量将变为 $L=4\text{mH}$。

4. 电感的伏安关系

与电容类似,电感的伏安关系也是微积分关系,如下所示:

$$u = L \frac{\mathrm{d}i}{\mathrm{d}t}$$

由此可见,电感电压与电流的变化率成正比,快速变化的电流将产生较大的感生电压,使信号中出现电压尖峰,对器件的安全形成了威胁,应该尽量避免。

从上式还可以看出,电感的一个重要特性就是电感电流不能突变。如果电感电流突变,由上式就会产生无穷大的电压,这是不可能实现的。因此电感对电流的变化总是有阻碍作用。

2.3.3 电感的检测

电感常见的故障有绕线断路、绕组短路和磁芯破裂。检测方法如下:

(1)外观检测法。检查电感绕线是否有断路,引脚是否有活动和脱落,有无磁芯破损,漆包线是否发黑等。

(2)测量绕线两端电阻。电阻应该为一固定值,且绕组越多,电阻越大,绕组越少,电阻越小。如果电阻为∞,则可以断定绕线断路。如果电阻几乎为 0,则可能有绕组短路。

(3)测量电感。如果电感偏离标称值较大,则说明电感有故障。其中,如果磁芯断裂或绕组短路,都会导致电感明显减小。如果绕线断路,则电感为 0。

2.3.4 电感的应用电路

1. 滤波

与电容相似,电感总是试图阻碍电流的快速变化,利用这一特性可以将电感用于电源滤波电路。在电流的波峰时刻,电流给电感充电,电能转换为磁场能,阻止电流变大。而在电流的波谷阶段,电感释放能量,阻碍电流变小。从而总体上保持电流基本不变,达到电流的滤波效果。滤波电路的输入端为交流信号,经过滤波后变成带有一定纹波的直流信号。图 2-30 是常见含电感的滤波电路。

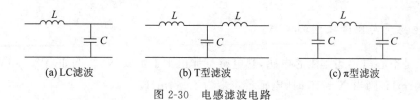

(a) LC滤波　　　　　　(b) T型滤波　　　　　　(c) π型滤波

图 2-30　电感滤波电路

2. 谐振

电感经常与电容一起构成谐振电路。谐振电路分为并联谐振和串联谐振两种。

（1）串联谐振。如图 2-31 所示，电容 C 和电感 L 串联，则根据前面介绍的知识，串联电路两端的阻抗计算公式如下：

$$Z = Z_C + Z_L = \frac{1}{\mathrm{j}2\pi fC} + \mathrm{j}2\pi fL$$

当 $f = f_0 = \dfrac{1}{2\pi\sqrt{LC}}$ 时，代入上式得 $Z = 0$。也就是说，对于频率为 f_0 的信号，电路阻抗为 0，相当于短路。这种状态称为串联谐振状态。频率与 f_0 越接近，阻抗越小。该电路的阻抗特性如图 2-32 所示。

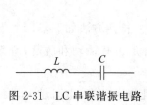

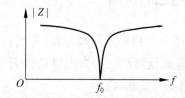

图 2-31　LC 串联谐振电路　　　　　　图 2-32　LC 串联谐振电路的阻抗特性

（2）并联谐振。并联谐振电路如图 2-33 所示，电容与电感并联连接，则其总的阻抗为

$$Z = Z_C \mathbin{/\!/} Z_L = \frac{1}{\mathrm{j}2\pi fC} \mathbin{/\!/} \mathrm{j}2\pi fL = \frac{1}{\dfrac{1}{\mathrm{j}2\pi fL} + \mathrm{j}2\pi fC}$$

当 $f = f_0 = \dfrac{1}{2\pi\sqrt{LC}}$ 时，代入上式得分母为 0，即 $Z = \infty$，则电路相当于开路。并联谐振电路的阻抗特性曲线如图 2-34 所示。

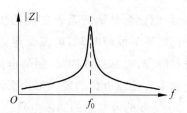

图 2-33　LC 并联谐振电路　　　　　图 2-34　并联谐振电路的阻抗特性

（3）谐振电路的应用。谐振电路在信号处理电路中得到非常广泛的应用,其中应用最多的是信号的选频。以收音机为例,收音机能接收到的信号很多,怎样才能选择到我们想听的广播节目呢? 这就要用到选频电路。

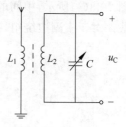

如图 2-35 所示,电台信号通过天线接收下来后,包含各种频段的信号,即各种电台的信号同时被接收下来。后面接一个选频电路,该电路主要由一个可调电容器和一只电感并联构成。当信号的频率等于电路的谐振频率时,并联谐振电路呈现出∞的阻抗,相当于开路,信号能通过。而其他信号则被电容和电感电路滤掉了,无法输出。这样,只有频率为f_0 的信号被选择了,而其他信号则被滤掉了。这就是选频电路的基本工作原理。改变谐振电容的大小,就改变了谐振

图 2-35　选频电路

频率,从而可以选择不同频率的信号。选频电路通常用于接收机的前端。

2.4　变压器

2.4.1　变压器基础

1. 变压器的结构

如果在同一个磁芯上绕制两个以上的绕组,就构成了变压器。因此变压器和电感的结构非常相似,主要区别在于电感只有一个绕组,而变压器有两个以上的绕组。若只使用变压器的一个绕组,其他绕组开路,则该器件就是一个电感。变压器的结构如图 2-36

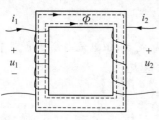

所示。变压器绕组中有一个绕组作为激励,该绕组称为原边,其余绕组称为副边。

由于两个绕组共用一个磁芯,所以两绕组中的磁通相同。原边绕组电压 u_1 的变化,导致磁芯中磁通的变化,在副边便产生电压 u_2。且电压与绕组的匝数成正比,这就实现了电压的变换,是变压器最主要的功能。图 2-37 为变压器实物。

图 2-36　变压器及结构

(a) 工频变压器　　　　(b) 高频变压器

图 2-37　变压器实物

2. 变压器的符号

由于不同的变压器副边绕组数不同,所以其符号也不一样。单副边绕组变压器符号如图 2-38(a)所示,中间的粗直线表示磁芯,如果是空心变压器,则符号中没有中间的粗直线。对于多副边绕组,只需增加绕组符号即可,如图 2-38(b)所示。

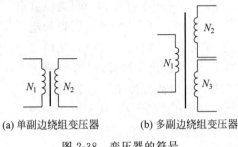

(a) 单副边绕组变压器   (b) 多副边绕组变压器

图 2-38   变压器的符号

3. 变压器的伏安关系

由以上分析可知,变压器各绕组电压与绕组匝数成正比。对于理想变压器,是没有损耗的,也就是变压器的输入功率等于输出功率,即变压器满足功率守恒原理。这样,变压器绕组电流就与匝数成反比,如下所示:

功率守恒 $$P = u_1 i_1 = u_2 i_2$$

电压与匝数成正比 $$\frac{u_1}{u_2} = \frac{N_1}{N_2}$$

电流与匝数成反比 $$\frac{i_1}{i_2} = \frac{N_2}{N_1}$$

注意:变压器绕组电压与匝数呈正比在任何情况下都成立,但电流与所连负载有关,在空载和多副边绕组条件下,绕组电流不一定与绕组匝数呈反比。

2.4.2 变压器的主要参数

1. 变比

变比 n 又称电压比,$n = \frac{N_2}{N_1} = \frac{u_2}{u_1}$,我们在使用变压器时,主要关心变比,对于每个绕组的具体匝数,并不关心。不过在设计变压器时,变压器的匝数是有最少匝数要求的,如果匝数太少,可能会导致磁芯饱和,使其失去变压器的功能。

2. 额定功率

此参数一般用于电源变压器,是在规定的工作频率和电压下,变压器能长期工作而不超过限定的温度时的输出功率。

3. 效率

理想变压器是没有损耗的,但实际变压器总存在一定的绕组损耗和磁芯损耗,使输出功率 P_o 小于输入功率 P_i。则效率定义为

$$\eta = \frac{P_o}{P_i} \times 100\%$$

4. 频率特性

变压器只能用于交流电压和信号的变换,绝对不能用在直流电路中。不同频率范围的变压器一般不能互换。所以任何一个变压器都有一定的工作频率范围,称为频率特性。

2.4.3 变压器的应用

1. 变压

根据变压器绕组电压与绕组匝数成正比的特性,可以对交流电压进行变换,这是变压器最主要的功能。我们使用的工频 220V 交流电压在输送过程中经过多次变压,就是靠变压器来实现的。通过选择合适的变比,变压器可以对电压按要求进行升高和降低的变换。

2. 隔离

变压器的原边和副边通过磁场交换能量,因此在电气上实现了隔离。其原边电压和副边电压可以处在不同的电位上。这对于安全用电非常重要。

3. 阻抗变换

图 2-39 左边电路可以等效为右边的电路,也就是负载 R_L 通过变压器进行阻抗变换后,可以将阻抗视为 $\frac{1}{n^2}R_L$ 的电阻。这对于阻抗匹配有非常重要的作用。

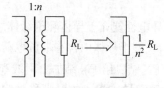

图 2-39　变压器的阻抗变换功能

2.4.4 变压器的检测

1. 绕组故障检测

变压器是由多个绕组构成的,每一个绕组就相当于一个电感,因此,变压器绕组的故障特性与电感非常相似。通常也是通过外观检测和绕组电感量测量的方法来检测绕组的故障。

2. 变压器变比检测

变比可以通过测量各绕组电感量计算出来。因为电感量与绕组匝数的平方成正比，而变比又与绕组匝数成正比，所以变压器变比等于电感量比值的开平方。即

$$n = \frac{N_1}{N_2} = \sqrt{\frac{L_1}{L_2}}$$

变压器变比也可通过动态测量绕组两端电压检测。

3. 绝缘性能检测

变压器各绕组间应该保持绝缘性能良好才能正常工作，否则会产生电压击穿。测量绝缘性能可以用高压测试仪分别测量初级绕组与次级绕组之间、初级绕组与磁芯之间、次级绕组与磁芯之间的耐压。

有时变压器各绕组之间产生了软击穿，在静态测量时一切正常，但加电后产生了击穿现象。这种故障只能使用动态检测，即加电后测试各绕组电压值是否正常。

2.5　二极管

从本节开始，我们将介绍几种常用的半导体器件。半导体是现代电子信息技术的基础，因此有必要首先介绍一下半导体的基础知识。

2.5.1　二极管的基础知识

1. 二极管的结构

导电性能介于导体和绝缘体之间的物体称为半导体。P型半导体中含有带正电荷的载流子，N型半导体中含有带负电荷的载流子。将P型半导体和N型半导体结合在一起就构成了PN结。给PN结加上引线和封装就构成了二极管，用字母D表示，如图2-40(a)所示。与P型半导体相连的引脚称为阳极(A)，与N型半导体相连的引脚称为阴极(K)。二极管的符号如图2-40(b)所示。

(a) 二极管结构　　　　　　　　　(b) 二极管符号

图 2-40　二极管

二极管的特性与PN结一样，具有单向导电性。图2-41为常见的二极管实物。

(a)贴片二极管

(b)直插二极管

图 2-41　二极管实物

2. 二极管的主要参数

（1）最大正向电流 I_F。I_F 指二极管长期连续工作时，允许通过的最大正向平均电流值。工作电流若超过此值，二极管将会因结温过高而损坏。该参数与 PN 结面积和外部散热条件有关。PN 结面积越大，外部散热条件越好，I_F 越大。而散热条件则与二极管的封装有关，通常小电流二极管用塑料封装，大电流二极管用金属封装，甚至还要加散热片。

（2）最大反向电压 U_R。U_R 是保证二极管不被反向击穿的最高反向工作电压。工作电压不能过于靠近反向击穿电压 U_{BR}，否则很容易发生击穿。通常 U_R 为 U_{BR} 的一半。一般二极管反向击穿电压可为数十伏，甚至几百伏，目前单体二极管的反向击穿电压最大可达 1200V。

（3）反向电流 I_R。I_R 是指二极管在规定的温度和最高反向电压作用下，流过二极管的反向电流。反向电流越小，管子的单向导电性能越好。值得注意的是，反向电流与温度有着密切的关系，大约温度每升高 10℃，反向电流增大一倍。例如 2AP1 型锗二极管，在 25℃ 时反向电流为 $250\mu A$，温度升高到 35℃，反向电流将上升到 $500\mu A$，以此类推，在 75℃ 时，它的反向电流已达 8mA，不仅失去了单向导电特性，还会使管子过热而损坏。

（4）正向导通压降 U_F。正向导通后二极管两端的电压基本上保持不变，锗管约为 0.3V，硅管约为 0.7V，称为二极管的正向导通压降。

（5）最高工作频率 f_M。f_M 是二极管工作的上限截止频率，超过此值，由于结电容的作用，二极管将不能很好地体现单向导电性。

（6）反向恢复时间 t_{rr}。当 PN 结偏置电压极性改变时，由于载流子的积累效应，二极管电流并不随电压极性改变而迅速改变，而是有一定的延时。描述二极管这种特性的参数就是反向恢复时间，它是电流通过零点由正向转换到规定值的时间间隔。它是衡量高频续流及整流器件性能的重要技术指标。

另外，对于特殊用途的二极管还有各自的技术参数。

需要指出的是，由于制造工艺的限制，半导体器件的参数具有分散性，同一型号管子的参数值也会有一定的差距，因而手册上往往给出的是参数的上限值、下限值或范围。此外，还要特别注意手册上每个参数的测试条件，测试条件不同，其参数也会发生变化。

3．二极管参数的标注

二极管的参数比较复杂，因此难以在器件外壳上标注。通常器件外壳上只标注器件型号，至于具体技术指标，需要根据型号查阅相应的数据手册。

一般情况下，二极管从外观上标注了正负极。对于圆柱形二极管，通常在靠近阴极一端绘有一个圈，而贴片的二极管绘在靠近阴极端有一条横线，对体积较大的二极管还会以二极管符号标识阴阳极，如图2-42所示。据此可以区分二极管的阴阳极。

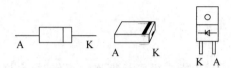

图2-42　二极管极性的标注

2.5.2　特殊二极管

1．稳压管

在二极管的反向击穿区，当电流发生很大变化时，电压几乎保持不变，利用二极管的这种特性可以制成稳压管。其电路符号如下：

对于稳压管来说，正向工作就是二极管，反向工作时才能表现出稳压管的特性。稳压管除了普通二极管的参数以外，还有如下针对稳压管的参数。

（1）稳定电压U_Z：在规定电流下稳压管的反向击穿电压。

（2）最大稳定电流I_{ZM}：稳压管在稳压状态下长时间工作时允许的最大反向电流。如果工作电流超过这个值，稳压管就可能被烧坏。实际电路中常使用限流电阻对稳压管进行保护。

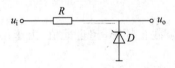

图2-43　稳压管的应用电路

（3）额定功耗P_{ZM}：$P_{ZM}=U_Z\times I_{ZM}$。稳压管的功耗如果超过此值，会因温升过高而损坏。

注意，稳压管工作时，总是阴极与电压的高端相连，典型应用电路如图2-43所示。

2．发光二极管（LED）

发光二极管是利用PN结的发光效应制成，用于指示灯或照明，电路符号如下：

发光二极管的特殊指标包括发光强度和发光波长。发光强度是表示发光二极管发光亮度的参数，而发光波长则与发光颜色有关。发光二极管包括不可见光、可见光和激光等不同类型。发光颜色取决于所用材料,目前有红、绿、黄、橙等颜色,可以制成各种形状,如长方形、圆形等。

发光二极管只有外加正向电压,使得正向电流足够大时才会发光,它的开启电路比普通二极管大,红色为 $1.6\sim1.8V$,绿色约为 $2V$。使用时要特别注意不要超过最大功耗、最大正向电流和反向击穿电压等极限参数。

发光二极管因其驱动电压低、功耗小、寿命长、可靠性高等优点广泛应用于显示电路和照明灯具中。其中 LED 照明灯因其节能效果好、使用寿命长等优点被广泛应用,并逐步取代常规的白炽灯和日光灯。

3. 光电二极管

光电二极管是一种将光能和电能进行转换的器件,它利用 PN 结的光敏特性,将光的变化转化为电流的变化。光电二极管通常用于测量和控制电路中,日常生活中的光控路灯也用到光敏二极管。电路符号如下(注意与发光二极管的区别):

4. 变容二极管

变容二极管利用 PN 结的结电容效应制成,通过改变二极管的反向偏压来改变 PN 结电容,反向偏压越高,结电容越小,是一种非线性关系。电路符号如下:

5. 双向击穿二极管

双向击穿二极管又称瞬态抑制二极管,具有双向稳压的作用,用于抑制瞬时电压过冲。电路符号如下:

6. 隧道二极管

隧道二极管利用高掺杂材料形成 PN 结的隧道效应制成,具有速度快、工作频率高的特点,可用于振荡、过载保护、脉冲数字电路中。电路符号如下:

7. 肖特基二极管(Schotty)

肖特基二极管是利用金属与半导体之间的接触势垒制成的二极管,其结构比 PN 结复杂,又称肖特基势垒二极管(SBD)。其特点是反向恢复时间短,工作电流大,但反向耐压低。

8. 快恢复二极管(FRD)

快恢复二极管是在普通 PN 结中夹了一层基区,构成 PIN 管,特点是反向恢复时间短,开关特性好。

9. 高压硅堆

为了提高二极管的反向击穿电压,将多个二极管串联制成高压硅堆,对外就是一个反向击穿电压较高的二极管。由于多个二极管串联,所以开启电压和导通压降均较高。

2.5.3 二极管的选择和检测

1. 二极管的选择

二极管的选择主要遵循以下原则。

(1) 根据功能选择二极管的种类。针对不同的应用要求,选择不同种类的二极管产品。当用于整流电路时,应选择大电流的二极管。当用于检波时,宜选择高频、小电流的管子。如果用于稳压或者做指示灯用,则应选择稳压管和发光二极管等特殊二极管产品。

(2) 根据应用要求选择合适的电参数。确定二极管种类后,根据应用要求,从正向工作电流 I_F、反向工作电压 V_R、功耗 P 和工作频率 f 等方面考虑,留足余量,选择合适的器件型号。

(3) 在参数满足要求的前提下,还要考虑器件的价格、封装、购买的方便程度等方面的因素。

2. 二极管的检测

(1) 二极管极性的检测。有些二极管极性标注不清,或者没有标注,这就需要通过测量判别。用普通的数字万用表可以方便地判别二极管的正负极。将万用表打到二极管测量挡位,用两表笔分别接触二极管的两只引脚,然后将表笔互换再测量一次。当红表笔接触到二极管的阳极时,二极管正向导通,万用表显示的是二极管的正向导通压降,否则显示∞。据此可以判断二极管的极性,即当万用表有读数时,红表笔连接的引脚为阳极,另一只引脚为阴极。

据此还可判定二极管是硅管还是锗管。如果正向导通压降为 $0.6\sim0.7V$,可判定为硅管;如果为 $0.1\sim0.3V$,可判定为锗管。但对于特殊二极管,电压值可能有差别,具体参考相应的数据手册。

(2) 二极管故障检测。二极管故障有两种,一种是 PN 结击穿,呈现出短路的特性;另一种是 PN 结断开,呈现断路的特征。但有时也会出现似坏非坏的情况,这种情况检测就比较麻烦。

二极管的故障可以用万用表的二极管测试挡来检测。如果反向显示无穷大,正向显示开启电压,则说明二极管正常。如果至少有一个方向显示为 0,则说明二极管击穿。如果两个方向都显示为无穷大,则二极管发生短路故障。对于似断非断的故障,其显示的正向导通电压值会发生变化,跟正常值是有较大区别的,据此也可检测出是否存在故障。

(3) 稳压管的检测。稳压管的极性判断和故障检测可使用上述方法。但即使在上述检测方式下无故障,仍可能出现稳压电压发生变化的现象。测试稳压值可按图 2-43 所示的电路,改变输入电压,观察输出电压是否会发生变化。如果测量的输出电压基本不变,且没有明显偏离额定值,说明稳压管完好,否则说明稳压管已经损坏。

(4) 整流桥的检测。整流桥将四个二极管封装在一起,有时标注不清晰就无法分辨整流桥的四只引脚。判断方法如下:

选择数字万用表的二极管挡位,将黑表笔接触其中一只引脚,红表笔分别接触其他三只引脚。如果红表笔接触其他三只引脚时,万用表都显示无穷大,则此黑表笔接触点为"－";如果万用表都有读数,则此黑表笔接触点为"＋";如果只有一次万用表有读数,其他两次均显示无穷大,则此黑表笔接触点为"～"。用万用表无法区分两个"～",但由于对称性,使用时不必区分。

如果整流桥出现故障,可按前述检测方法分别检测每个二极管。

2.6　三极管

2.6.1　三极管的结构

三极管又称晶体管、双极晶体管,简写为 BJT。三极管是信号放大电路最关键的器件。在三极管出现以前,信号放大使用的是体积笨重、效率低下的真空电子管,如图 2-44 所示。半导体三极管出现以后,因其优良性能,很快取代了电真空器件,成为现代电子电路的主导器件。图 2-45 是各种国产三极管。

图 2-44　真空电子管

图 2-45　国产三极管

三极管结构如图 2-46 所示。我们先看图 2-46(a),三极管是一种三明治结构,两个 N 型半导体中间夹一个 P 型半导体,然后引出三条引脚,分别称为集电极、基极和发射极,分别用字母 c、b、e 表示。三个掺杂半导体分别称为集电区、基区和发射区。从 2.5 节内容可知,P 型半导体和 N 型半导体紧密接触后会形成 PN 结。基区和集电区之间形成的

PN 结称为集电结,基区和发射区形成的 PN 结称为发射结。这种结构的三极管称为 NPN 型三极管。其电路符号如图 2-46(c)所示,电路符号中的箭头表示工作时电流的流向,对于 NPN 型三极管,电流从集电极和基极流进,从发射极流出。

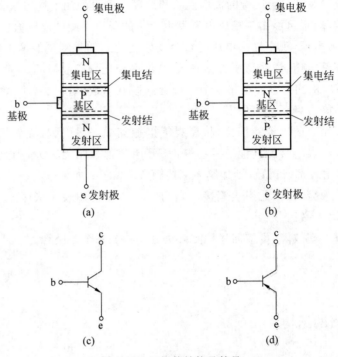

图 2-46　三极管结构及符号

　　三极管的基区一般比较薄,且掺杂浓度较低。集电区和发射区虽然都是 N 型半导体,但掺杂浓度和 PN 结接触面积不同,发射区掺杂浓度比集电区浓度高,且集电结接触面积较发射结大。也就是三极管是不对称的结构,其集电极和发射极是不能互换的。

　　如果两边为 P 型半导体,而中间为 N 型半导体,则称为 PNP 型三极管,其结构和表示符号分别如图 2-46(b)和(d)所示。

　　注意,以上结构只是原理性的说明,实际三极管的物理结构比较复杂。图 2-47 为一个典型 NPN 三极管的实际结构。

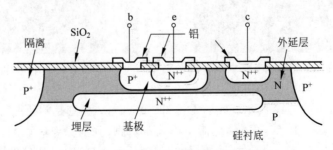

图 2-47　典型 NPN 型 BJT 的截面图

2.6.2 三极管的三种工作状态

三极管在放大状态下具有电流放大作用,接上负载后也可实现电压信号的放大。不过,放大状态只是三极管的一种工作状态,三极管还可能工作在截止状态和饱和状态。下面分别分析这三种工作状态的条件和特点。

1. 截止状态

发射结的特性类似于 PN 结或二极管,其伏安特性曲线如图 2-48 所示。

由图 2-48 可知,如果发射结偏置电压小于 PN 结的开启电压,即 $U_{be} < U_{ON}$,则基极电流 $I_b = 0$。相应地,集电极电流 $I_c = 0$,三极管处于截止状态。此时,三极管的集电极和发射极之间相当于开关断开。

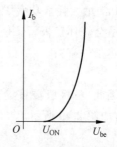

图 2-48 发射结的伏安特性

2. 放大状态

如果发射结偏置电压大于开启电压,且处于某个恰当的值,则三极管处于放大状态。所谓恰当值,指的是保证集电结反偏,即 $U_{be} > U_{ON}$,且 $U_{ce} > U_{be}$。在这种状态下,集电极电流与基极电流保持线性关系,即

$$I_c = \beta I_b$$

在这种状态下,三极管具有电流放大作用。放大工作状态又称为线性工作区。

3. 饱和状态

在发射结偏置电压大于开启电压后,如果继续增加,直至 $U_{be} > U_{ce}$,此时 I_c 与 I_b 不再成比例关系,I_c 的值与 I_b 无关,只与偏置电路有关,集电极和发射极之间电压降很小,相当于开关闭合。这种状态称为三极管的饱和状态。饱和状态的条件是

$$U_{be} > U_{ON} \quad 且 \quad U_{be} > U_{ce}$$

通常情况下,只有在放大状态三极管才能实现信号的放大。但截止状态和饱和状态也是有用的,在数字电路中通常用三极管做电子开关。通过在三极管的基极加一脉冲信号,三极管就会在截止和饱和状态之间转换,相当于开关的导通和闭合。

2.6.3 三极管的主要参数

(1) 电流放大系数。

共射电流放大系数: $\beta = \dfrac{I_c}{I_b}$

共基电流放大系数: $\alpha = \dfrac{I_c}{I_e}$

（2）最大集电极电流 I_{CM}。I_c 在相当大的范围内变化时，β 基本不变，但当 I_c 达到一定程度以后，β 明显下降。使 β 明显减小的 I_c 即为 I_{CM}。实际上，当 $I_c > I_{CM}$ 时，三极管不一定损坏，但 β 明显下降，已经无法实现信号的正常放大。

（3）集射极反向击穿电压 $U_{(BR)CEO}$。指基极开路时，集电极和发射极之间允许加的最高电压。当集电极电压超过此值时，会导致集电极电流急剧增加，使三极管击穿，并导致损坏。

（4）最大耗散功率 P_{CM}。集电极电流流经集电结时会产生热量，使结温上升，过高的结温会烧坏三极管。使三极管能正常工作所允许的耗散功率称为 P_{CM}。它与三极管的散热条件有关。

$$P_{CM} = I_c U_{CE}$$

因此，三极管要安全工作，必须满足三个条件，即 $I_c < I_{CM}$，$U_{CE} < U_{(BR)CEO}$，$P_c < P_{CM}$，如图 2-49 所示。

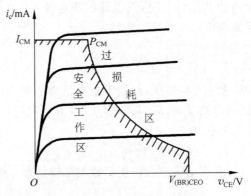

图 2-49　三极管的安全工作区

（5）特征频率 f_T。由于三极管中 PN 结结电容的存在，电流放大系数是频率的函数。当信号频率增加到一定程度时，集电极电流与基极电流之比不但数值下降，而且会产生相移。使电流放大系数 β 下降到 1 的信号频率称为特征频率 f_T。

实际上根据应用要求的不同，三极管还有很多其他参数，在数据手册上有详细的说明。在选择和使用某种型号的三极管时，一定要认真阅读数据手册。

2.6.4　三极管的检测

1. 三极管引脚的识别

不同类型的三极管，其三条引脚 b、c、e 的顺序不同。最保险的识别方法就是查看数据手册，手册上都有该器件三条引脚的图示。但找不到数据手册时就要通过手动检测来识别了。

可以使用数字万用表来识别三极管的引脚和类型。我们知道，三极管的三条引脚中，每两条引脚之间可以形成 PN 结。数字万用表的红表笔电压为正，黑表笔电压为负，因此用表笔测量的过程就相当于给 PN 结加了一个偏置。

我们选择二极管测试挡位,首先用红表笔接触其中一个引脚,用黑表笔接触另外两个引脚。如果两次都测量出 PN 结正偏,则红表笔连的是基极,且为 NPN 型三极管。如果两次都是反偏,则说明红表笔连的是基极,且为 PNP 型三极管。这样,三极管的类型和基极都能区分了。

那么集电极和发射极又如何区分呢?通过二极管测试挡是不容易区分的。其实,现在的数字万用表上都有测试三极管的功能,将三极管的引脚分别插入测试孔,如果能显示正常的 β 值,测试孔上对应的符号就确定了三极管的三条引脚。用这种方法还能直接测量出三极管的电流放大系数 β。

2. 三极管故障检测

三极管的故障通常有两种,一种是因电压过高而产生的极间击穿,表现为两引脚短路。另一种是因过热产生的极间开路,表现为断路特征。在已经区分三条引脚的前提下,用二极管测试挡位分别测量两 PN 结。如果测量电压为 0,则表明 PN 结击穿。如果测量显示无穷大,则表明 PN 结开路。如果 PN 结测试结果正常,且电流放大系数合理,则表明三极管正常。

2.7 场效应管

2.7.1 场效应管的分类及电路符号

放大元件中,除了三极管以外,还有场效应管(FET)。三极管有 NPN 和 PNP 两种,场效应管种类则较多。可分为绝缘栅型场效应管(MOSFET)和结型场效应管(JFET)两大类。而绝缘栅场效应管又可分为增强型和耗尽型两种。每种场效应管又分别可分为 N 沟道和 P 沟道两种,因此场效应管总共有 6 种。

三极管的三个极分别为基极(B)、集电极(C)和发射极(E),场效应管的三个极分别为栅极(G)、漏极(D)和源极(S)。场效应管的类型和电路符号分别如表 2-6 所示。

表 2-6　场效应管的种类及符号

分　类			符　号
绝缘栅场效应管 MOSFET	增强型	N 沟道	G ⊢ D / S
		P 沟道	G ⊢ D / S

续表

分　类		符　号
绝缘栅场效应管 MOSFET	耗尽型	N 沟道 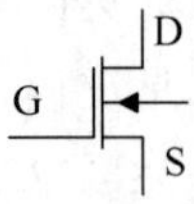
		P 沟道 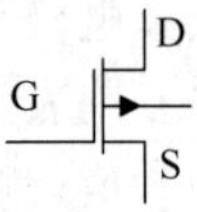
结型场效应管 JFET	N 沟道	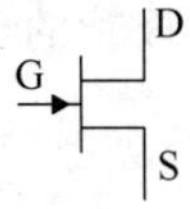
	P 沟道	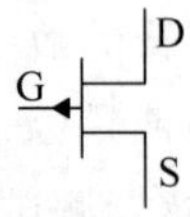

2.7.2　场效应管的信号放大特性

三极管是以基极电流来控制集电极电流从而实现信号放大的,而场效应管则是用栅极电压来控制漏极电流,从而实现信号放大。

各种场效应管都有一个重要特性,那就是在线性放大状态下,漏极电流由栅源之间的电压来控制。对于 N 沟道的增强型绝缘栅场效应管来说,漏极电流与栅源电压满足如下关系:

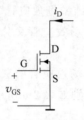

$$i_D = I_{DO}\left(\frac{v_{GS}}{V_T} - 1\right)^2$$

式中,I_{DO} 和 V_T 在一定工作条件下均为常数。

因此,在栅源之间加上一个电压信号 v_{GS},则在漏极上就相应地产生一个电流信号 i_D。连上负载后就得到相应的电压信号,如图 2-50 所示。因此可以通过栅极来控制漏极电流和负载电压。

图 2-50　场效应管的放大作用

2.7.3　场效应管的三种工作区

与晶体管一样,场效应管也有三种工作状态。下面还是以 N 沟道增强型绝缘栅场效应管为例。

(1) 截止工作区。当 $v_{GS} < V_T$ 时,导电沟道尚未形成,$i_D = 0$,为截止工作状态。其中 V_T 为开启电压。只有当栅源电压 $v_{GS} > V_T$ 时,漏极才有电流。

(2) 可变电阻区。当 $v_{GS} > V_T$ 且满足 $v_{DS} \leqslant (v_{GS} - V_T)$ 时,v_{DS} 与 i_D 呈线性关系,

但比例与 v_{GS} 有关,因此 D-S 之间呈现一个变化的电阻特性,阻值由 v_{GS} 决定,称为可变电阻区。

（3）恒流区（或放大区）。当 $v_{DS} > (v_{GS} - V_T)$ 时,i_D 与 v_{DS} 无关,只与 v_{GS} 有关。信号放大就是工作在这个区。

2.8　运算放大器

2.8.1　集成电路概述

前面介绍的都是分立元器件,在实际电路中集成电路的应用也非常广泛。集成电路将由多个分立元件构成的复杂电路做成一个芯片,使电路体积减小、可靠性提高、成本降低,给电路设计者带来了极大的方便,如图 2-51 所示。不过,大功率器件,电感和变压器等带磁芯的器件,以及物理开关等则难以集成,仍然只能使用分立元器件。

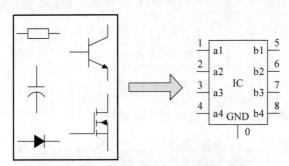

图 2-51　集成电路示意图

集成电路通常制成标准的封装形式,在器件上只标识了器件的型号,其内部电路结构和各引脚的定义可以参考相应的数据手册。

集成电路的封装种类繁多,常见的有双列直插封装（Dual in-line Package,DIP）、小贴片封装（Small Outline Package,SOP）、球形栅格阵列封装（Ball Grid Arrays,BGA）等。集成电路芯片的引脚通常是从 1 脚逆时针顺序排列。那么如何确定第一个引脚的位置呢? 芯片上有个半圆的豁口或者凹陷下去的小圆点,该位置下方对应着芯片的 1 脚。让芯片有字的一面朝上,从 1 脚逆时针数下去分别为 2、3、4……。图 2-52 为 DIP8 封装的集成电路及其引脚编号。

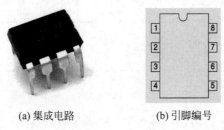

(a) 集成电路　　　　　　(b) 引脚编号

图 2-52　芯片封装

运算放大器是应用最为广泛的集成电路,本节就以运算放大器为例介绍集成电路的基本知识。

2.8.2 运算放大器的内部结构

集成运算放大器(以下简称"运放")内部电路结构如图 2-53 所示,由输入级、中间级、输出级和偏置电路四部分构成。它有两个输入端,一个输出端。两个输入端分别为同相输入端 u_P 和反向输入端 u_N,输出端为 u_o,都以公共地为参考点。输入级采用具有很强零点漂移抑制能力的差动放大电路,中间级常采用增益较高的共发射极放大电路,输出级一般采用带负载能力很强的功率放大电路,偏置电路的作用是为各级放大电路提供工作电压。

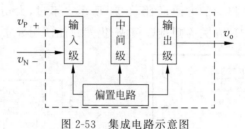

图 2-53　集成电路示意图

图 2-54 是常用的运放 LM741 的内部实际结构。

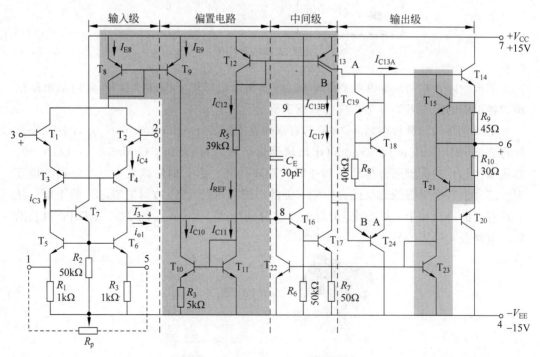

图 2-54　运放 LM741 的内部电路结构

2.8.3 集成运放的外部特性

我们在使用运放进行电子电路设计时,通常并不需要详细了解其内部结构,而只须掌握其外部特性即可。运算放大器的电路符号如图 2-55 所示,其中图(a)为国家标准符号,图(b)为国际通用符号。

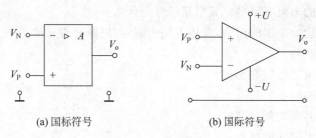

(a) 国标符号 (b) 国际符号

图 2-55　运放符号

运放的伏安特性如下:

$$V_o = A_{vo}(V_P - V_N) \quad (V_- < V_o < V_+)$$

输出电压 V_o 等于正向输入端电压与反向输入端电压之差的 A_{vo} 倍,其中 A_{vo} 为开环放大倍数或开环电压增益,一般为 $10^4 \sim 10^6$。这个公式是有一定的使用条件的,即必须满足 $V_- < V_o < V_+$。V_+ 和 V_- 为输出电压的上限和下限,其值约等于运放的正负供电电压。如果输入信号过大,运放就会工作在饱和状态,即当 $V_P > V_N$ 时,输出为 V_+,当 $V_P < V_N$ 时,输出为 V_-。在线性工作区,运放可以用图 2-56 所示的受控源模型来描述。

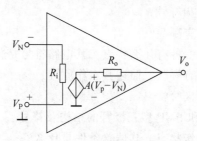

图 2-56　运放线性工作区的等效电路

由于运放增益非常高,其线性工作区只限于很小范围,只有在负反馈电路中运放才能工作在线性状态。在开环和正反馈条件下,运放工作在饱和状态。

理想运放有以下特性:

(1) 电压放大倍数 A_{vo} 趋于 ∞,即只要有输入信号,开环条件下就会输出很大的信号。在线性工作区,有 $V_P - V_N \approx 0$,即 $V_P \approx V_N$,好似两信号输入端短路一样,称为虚短。但不能将两信号输入端直接短路。

(2) 输入电阻 R_i 趋于 ∞,因此无论输入信号电压有多高,输入电流都近似为 0。就好似与运放输入端断开一样,称为虚断。但不能直接将两输入端断开。

（3）输出电压 R_o 趋于 0，因此输出端可以带很重的负载。

思考题

1. 描述电阻特性的主要参数有哪些？

2. 电阻串、并联后的阻值如何计算？

3. 特殊用途的电阻有哪些？其电路符号是什么？

4. 通过标注读取电阻的阻值，并用万用表测量，判断是否正确。

5. 电容有哪些功能？

6. 电容器的主要参数有哪些？

7. 电容有哪些种类？

8. 电容的串并联如何计算？

9. 如何检测电容的好坏？

10. 电容可用于哪些电路？简述其工作原理。

11. 电感的符号和电感量单位有哪些？其主要参数是什么？

12. 电感的串并联如何计算？

13. 简述电感的应用电路和工作原理。

14. 如何检测电感的好坏？

15. 变压器的符号和主要参数是什么？

16. 变压器有什么作用？

17. 如何检测变压器的故障？

18. 说明二极管的结构和符号。

19. 二极管的主要参数有哪些？

20. 特殊二极管有哪些？各有什么特点？其电路符号是什么？

21. 二极管的应用电路有哪些？简述其工作原理。

22. 如何选用和检测二极管？

23. 分别说明 NPN 型和 PNP 型三极管的结构及符号。

24. 三极管有哪几种工作状态？其偏置条件是什么？

25. 三极管的主要参数有哪些？

26. 三极管的三条引脚如何识别？

27. 三极管的常见故障有哪些？如何检测？

28. 场效应管有哪些种类？其符号分别是什么？

29. 场效应管有哪三种工作区？其电路偏置条件是什么？

30. 运放内部电路由哪几部分构成？各部分的功能是什么？

31. 运放的电路符号和伏安关系是什么？

第3章

常用仪器仪表使用

3.1 电烙铁

在电路设计、电子设备维修中,常涉及电路板及其附属元器件的拆卸焊接,这就需要熟练掌握电路焊接技术。常见的电路焊接方法有手工焊接、浸焊、波峰焊、回流焊等。焊接质量优劣关系到设计和调试工作能否顺利开展。随着电路印制板和电子工艺技术的日益进步,批量产品的焊接装配已普遍采用自动插装、表面贴装技术(SMT)等焊接生产工艺,但样品试制、小规模批量生产以及高可靠性特殊要求的设备仍需采用手工焊接技术。

手工焊接需要用到的主要工具是电烙铁,因此我们需要了解、掌握其基础知识。

3.1.1 常用电烙铁的种类与结构

电烙铁的主要用途是焊接元器件及其连接导线。以机械结构分类,可分为内热式电烙铁和外热式电烙铁;以功率分类,可分为大功率电烙铁和小功率电烙铁;以功能分类,可分为无吸锡电烙铁和吸锡式电烙铁。常见电烙铁有内热式电烙铁、外热式电烙铁和恒温式电烙铁等。

1. 外热式电烙铁

之所以称之为外热式电烙铁,是因为其烙铁头安装在烙铁芯里面。外热式电烙铁由烙铁头、烙铁芯、外壳、柄、电源引线、插头等部分组成。烙铁芯是电烙铁的关键部件,由发热丝平行地绕制在一根空心瓷管上制成,通过云母片绝缘,引出两根导线连接220V交流电源。

烙铁功率越大,烙铁头的工作温度也就越高。常见外热式电烙铁如图3-1所示。外热式电烙铁体积较大,适合焊接较大的元器件,但其工作效率低。烙铁功率不同,其烙铁芯内阻也不同,随着功率增大,其内阻减小。常用的外热式电烙铁有25W、45W、75W等,25W烙铁的内阻约为2kΩ,45W烙铁的内阻约为1kΩ,75W烙铁的内阻约为0.6kΩ。

烙铁头主要用来储存和传导热量,采用导热效果好的紫铜材料制成。烙铁的温度与烙铁芯的功率、烙铁头的体积和形状等都有关系。

2. 内热式电烙铁

内热式电烙铁与外热式不同,发热芯在内部,外面套入烙铁头,一般由烙铁头、烙铁芯、弹簧夹、手柄、连接杆等组成。优点是发热快,热效率较外热式电烙铁要高,一般20W的内热式电烙铁温度与约40W的外热式电烙铁温度相当,因此比较适用于电路板上各种元器件及线材的焊接。内热式电烙铁如图3-2所示。

图 3-1　外热式电烙铁

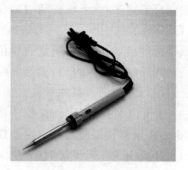

图 3-2　内热式电烙铁

3．恒温式电烙铁

焊接时需要控制烙铁的温度在一个合适的范围内，为了弥补内热式电烙铁和外热式电烙铁温度不可控的不足，在电烙铁中安装磁铁式温度控制器来控制通电时间，从而实现烙铁的温度控制。通电时烙铁温度上升，当达到预定温度时，强磁体传感器的磁性消失，磁芯触点断开，停止向电烙铁供电；当温度低于预定温度时，强磁体传感器恢复磁性，触点接通，电烙铁供电加热。恒温式电烙铁如图 3-3 所示。

4．吸锡式电烙铁

吸锡式电烙铁融合了活塞式吸锡器和电烙铁的功能，自带加热功能，常用作拆焊工具，运用方便、灵活。

综上所述，不论何种类型的电烙铁，其基本部件基本相同，由烙铁头、加热体、外壳、手柄、电源线等构成，如图 3-4 所示。

图 3-3　恒温式电烙铁

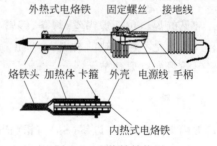

图 3-4　电烙铁结构图

5．烙铁头的种类及选用

按形状分类，烙铁头可分为圆头、马蹄型、尖头、刀型和扁型等五种，如图 3-5 所示。在使用时可根据待焊接对象选择合适的烙铁头。

（1）圆头（B咀）。该类型烙铁头没有方向性，其前端头部各个方向均可用于焊接，适合单个焊点的焊接,对于较密集引脚、间距较小的焊点,圆头烙铁头不太适用。

(2)马蹄型(C咀)。该类型烙铁头的咀部与马蹄比较相似,焊接面积大,用烙铁头前端斜面部分焊接,适合较多锡量的焊接,如焊接面积大、粗端子、焊垫大的情况。CF型烙铁头适合焊接细小元件,仅斜面部分存在镀锡层,因此焊接时只有斜面部分才能沾锡,适合修正焊接部件和细小器件焊接。

(3)尖头(I咀)。该类型烙铁头的尖端比较细,适合精细焊接以及焊接空间有限的情况,也可用来修正焊接集成电路器件时产生的锡桥。

(4)刀型(K咀)。焊接过程中,使用刀型部分焊接,属于多用途烙铁头。适用于SOJ、PLCC、SOP、QFP等封装的集成电路芯片焊接,也适合电源、接地部分元件的焊接,还可用来修改焊接不良的器件。

(5)扁型(D咀)。该类型烙铁头适用于需要多锡量的焊接环境,如焊接面积大、粗端子、焊垫大的情况。

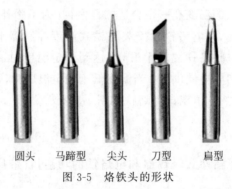

圆头 马蹄型 尖头 刀型 扁型

图 3-5 烙铁头的形状

3.1.2 焊料与助焊剂

常见的焊料包括焊锡丝、焊条、锡膏、助焊剂等,常见的助焊剂是松香。在焊接中,焊料和助焊剂是不可或缺的材料,合理正确选用焊料和助焊剂是完成焊接任务的首要条件和确保质量的首要环节。

1. 焊料

常用焊料即焊锡,以锡(Sn)与铅(Pb)为主要成分,其熔点低、焊接性能好,是一种合金软焊料,有时也在焊锡中加入微量的锑(Sb)、铋(Bi)、银(Ag)等金属。

焊料可加工成条状、带状、丝状、片状、球状等,也可将一定粒度的焊料粉末与焊剂混合制成膏状焊料,即焊锡膏,用于表面贴装元器件的自动焊接。内心灌装有活化松香焊剂的松香心焊锡丝,是手工焊接的首选焊料,常用的直径规格为 0.5~5.0mm。焊料如图 3-6 所示。

在选择焊料时,要注意焊锡的品牌、型号。由于生产工艺存在差别,同一品牌规格但不同批次的焊料,其焊接性能也会有所差别,因此必要时需进行样品的焊接实验。

(a) 焊锡丝　　　　　　　　(b) 焊锡膏

图 3-6　焊料

2. 助焊剂

助焊剂常由具有还原性的物质组成,其熔点比焊锡的熔点低,比重、表面张力比焊锡小。在焊接时,在高温烙铁加热下,助焊剂先融化,流浸于焊料及被焊金属的表面,以隔绝空气,防止金属表面氧化,降低焊料本身和被焊金属的表面张力,增加焊料浸润能力,也能在高温环境下与焊锡及被焊金属表面的氧化膜反应,使之溶解,还原出纯净的金属表面。

助焊剂以松香为主要成分,能够改善焊接性能、增强焊接牢固度。助焊剂在受热后能对施焊金属表面起清洁及保护作用,起到至关重要的作用。暴露在空气中的金属表面很容易生成氧化膜,氧化膜会阻止焊锡对焊接金属的浸润作用。使用助焊剂可以清除金属表面的氧化脂,防止焊料在加热过程中再氧化,增强焊料与金属表面的活性,增加浸润的作用。同时可清除金属表面氧化物、硫化物、油和其他污染物,使焊接质量更可靠,焊点表面更光滑、圆润。

常见助焊剂分为无机系列、有机系列和松香树脂系列等,其中无机助焊剂的活性最强,有机焊剂的活性次之,在电路焊接过程中,松香助焊剂的应用最广泛,其化学性能稳定,对电路没有腐蚀性。松香助焊剂如图 3-7 所示。

图 3-7　松香助焊剂

3.1.3　电烙铁的选型原则

根据被焊部件的实际情况选择合适的电烙铁将有助于提高焊接效果,重点考虑加热形式、功率大小、烙铁头形状等。

1. 按电烙铁加热形式的选择

(1) 在相同功率下,内热式电烙铁的温度比外热式电烙铁的温度要高。

(2) 有些器件在焊接时,温度过高容易损坏器件,需要采用低温焊接。此时需要控制电烙铁的温度,对于不具备调温功能的电烙铁,在实际使用中可通过适当降低电烙铁供电电压来调低电烙铁的温度。

2. 按电烙铁功率的选择

(1) 正常元器件如阻容元件、晶体管、集成电路、印制电路板的焊盘或导线等焊接时,其接触点面积小,焊盘不大,散热相对较慢,可采用一般功率的电烙铁,如20W的内热式电烙铁或30~45W的外热式电烙铁。根据经验,选用可调温焊台效果会更好。

(2) 焊接点焊接面积大时,如散热片、接地焊片等,其接触面散热较快,宜采用75~100W的电烙铁。

(3) 对于大型焊点,其接触面散热快,如焊接焊片、插簧等器件,宜采用100~200W的电烙铁。

3.1.4 使用方法与维护保养

一般烙铁头部镀有氧化层合金,主要作用是形成一道热传递的屏障,快速将热量传递到被焊金属表面,避免烙铁头氧化,同时使得锡丝给烙铁头上锡更轻松。但烙铁头部镀有的氧化层比较脆弱,容易磨损。发现头部有污物时,不能用砂纸或硬物打磨,以免破坏电镀氧化层而导致烙铁头不能上锡,影响焊接效果。对于调温烙铁或调温焊台,其烙铁头部有时会镀银处理,也不能用砂纸打磨。

在使用时可用烙铁头先熔少许松香,再熔一些焊锡,以方便焊接。使用完毕后,烙铁头熔少许焊锡保存,防止烙铁头在不用时氧化。

电烙铁头在使用前需要预处理。可在湿润的耐高温海绵上擦拭,清洁烙铁头,然后用内嵌松香的焊锡丝加上锡,有利于热传导。当待焊接的元器件焊接面氧化严重,无法加锡时,需要清洁器件焊接表面。可以用锉刀或者砂纸打磨器件表面,清理器件外面的保护层及氧化物,然后在清洁好的部位涂上松香。焊接前,要做到焊点光亮饱满,尤其焊接导线时要预上锡处理,将待焊接的导线预先用焊锡润湿,即做镀锡处理。

焊接时,应先加热焊件。将电烙铁的烙铁头点入待焊件(元器件),烙铁与工作台面形成约45°的夹角,加热焊件1~3s。然后焊锡与元件对面45°夹角点入,待元件上的锡充分熔化后,撤离焊锡,电烙铁继续加热1~3s后移开。

在使用电烙铁过程中,电烙铁温度要合适。如果焊点颜色发暗,说明烙铁温度太高。无论任何状态下,应保证烙铁头时常有锡,尤其在不用时。若线路板存在虚焊焊点,需要对焊点进行补焊,补焊的方法与焊接的方法基本一致。

焊锡凝固结晶需要时间,过早撤离焊锡或电烙铁会使焊锡在结晶过程中受到外力(焊件移动)而改变结晶条件,导致结晶晶体形态不完美,形成毛刺,造成"冷焊"。故在焊锡凝固时,要保持焊件静止,或采用一些可靠夹持措施将焊件固定,以形成稳定的结晶条件。注意电烙铁使用过程中烙铁头应保留少量焊锡,方便再次焊接使用。

3.1.5 焊接质量

1. 合格的焊点

合格标准的焊点应具备足够的机械强度、良好的导电性、整齐美观的表面,如图3-8

所示。

（1）焊点要有足够的机械强度，以保证被焊件在受到振动或冲击时不会脱落、松动。

（2）焊点要有可靠的电气连接，防止出现虚焊，保证具有良好的导电性能。

（3）焊点的外观光滑、圆润、清洁、均匀、对称，看起来整齐、美观，能够充满整个焊盘，并与焊盘大小比例合适，具有美感。

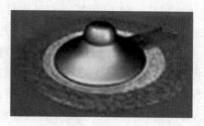

图 3-8　合格的焊点

2．焊接质量的检查

（1）目视检查。先从外观上检查焊接质量是否合格，也可在放大镜下进行目视检查，或者采用专用检测设备。重点检查是否存在错焊、漏焊、虚焊、连焊、毛刺、松动脱落现象；以及焊点是否存在裂纹，润湿是否良好，表面是否光亮、圆润，周围是否残留焊剂；焊接部位是否有明显热损伤和机械损伤的现象。

（2）手触检查。主要用手触摸器件是否松动，检查焊接是否牢固。可用镊子夹住元器件引线轻拉或拨动焊接部位，观察是否有松动现象。

3.2　数字万用表

3.2.1　万用表概述

教学视频

万用表以测量电压、电流和电阻为主要目的，是电子设计、调试、维修的基本常用工具。常见的指针式万用表和数字式万用表如图 3-9 所示。指针式万用表是以表头为核心部件的多功能测量仪表，由表头指针指示测量值。数字式万用表的测量值由液晶显示屏直接以数字的形式显示，读取方便。数字式万用表已成为主流，已经取代指针式万用表。与指针式万用表相比，数字式万用表灵敏度和精确度较高、显示清晰、过载能力强、便于携带，使用也方便简单。

(a) 指针式万用表　　　　(b) 数字式万用表　　　　(c) 台式万用表

图 3-9　不同的万用表

数字万用表的显示位数通常为 3 1/2 位(三位半)～8 1/2 位。一般数字万用表属于 3 1/2 位显示的万用表,4 1/2、5 1/2 位(6 位以下)数字万用表分为手持式、台式两种。6 1/2 位以上大多属于台式数字万用表。

数字万用表的测量功能丰富,可用来测量直流电压、交流电压、直流电流、交流电流、电阻、二极管正向压降、晶体管发射极电流放大系数,还能测量电容、电导、温度、频率,并增加了用于检查线路通断的蜂鸣器挡。部分万用表还具有电感挡、信号挡、AC/DC 自动转换功能,电容挡自动转换量程功能。

万用表种类繁多,下面以 Fluke 15B+数字万用表为例进行介绍。

3.2.2 Fluke 15B+数字万用表简介

Fluke 15B+数字万用表采用 3 3/4 位液晶显示,具有读数直观精确、携带方便、使用简单、准确性较高等特点,如图 3-10 所示。此万用表由液晶显示屏、功能转换开关、功能切换键、表笔插孔组成,可用来测交直流电压和电流、电阻、电容、二极管正向压降等参数。

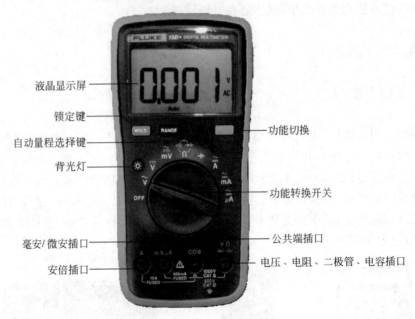

图 3-10　Fluke 15B+万用表

3.2.3 万用表的使用方法

1. 测量交流和直流电压

如图 3-11 所示,将旋转开关旋至 ṽ、▽或 ⌁v 挡,分别将黑色表笔和红色表笔连接到

COM 和 V 输入插座,用表笔另两端测量待测电路的电压值(与待测电路并联),用液晶显示器读取电压值。在测量直流电压时,显示器会同时显示红色表笔所连接的电压极性,如图 3-11 所示。

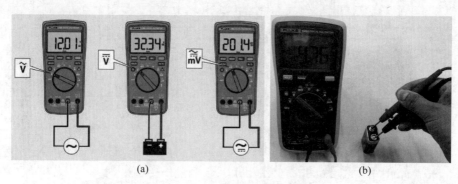

图 3-11　万用表测量电压值

2. 测量电阻

将旋转开关旋至 Ω 挡,分别将黑色表笔和红色表笔连接到 COM 和 VΩ 孔,用表笔另两端测量待测电路的电阻值,严禁带电测电阻,从液晶显示屏读取电阻测量值。

3. 测量电流

如图 3-12 所示,测量电流时需要切断被测电路的电源,将旋转开关旋至电流测量挡位,如 μA、mA 或 A 挡,根据测量电流大小选择合适的测量挡位,按功能键选择直流电流或交流电流测量方式,将黑色表笔连接到 COM 输入孔。

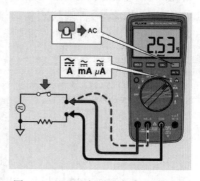

图 3-12　万用表测量交直流电流值

如果被测电流小于 400mA,将红色表笔连接到毫安孔(mA);如果被测电流为 400mA～10A,将红色表笔连接到安培孔(A)。断开待测的电路,将黑色表笔连接到被断开电路的一端,将红色表笔连接到被断开电路的另一端,若电流从红色表笔进黑色表笔出,则显示测量值为正,反之,读数为负数。

接上电路的电源,读取显示的测量电流值。若显示器显示"OL",表明测量值超过所选量程,应更换选择合适的量程,旋转开关应置于更高量程。电流测量完成后,应先切断电源,恢复电路原状。

4. 测试二极管

如图 3-13 所示,将旋转开关旋至 Ω 挡,按功能键一次,切换到二极管测量挡位,将黑色表笔和红色表笔分别连接到 COM 和 VΩ 孔,分别将红色表笔和黑色表笔连接到被测二极管的正极和负极,此时将显示被测二极管的正向导通电压值(0.5～0.8V)。

如果测试表笔极性反接,仪表将显示"OL",如图3-12所示。

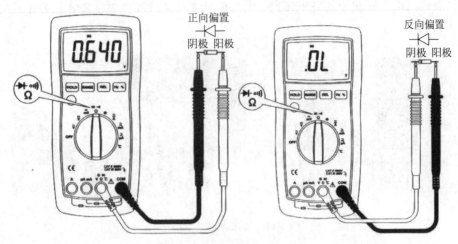

图 3-13　万用表测试二极管

5. 蜂鸣通断测试

通断测试挡位为万用表常用功能挡位,常用来测量电路的连通性,检查电路通断,如检查灯光线路故障可利用此功能。具体设置如图3-14所示,将旋转开关旋至 $\Omega \longrightarrow$ •))挡,按功能键两次,切换到通断测试状态,分别将黑色表笔和红色表笔连接到 COM 和 VΩ 孔,把表笔连接到被测电路或线路两端,如果被测电路或线路阻值小于75Ω,蜂鸣器将会发出连续响声,否则仪表将显示"OL"。电路板还原也可采用此功能。

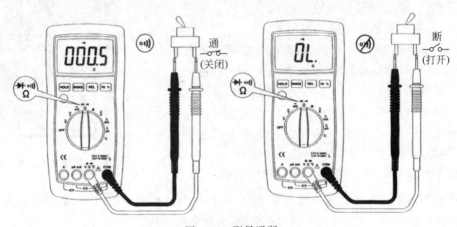

图 3-14　测量通断

6. 测电容

如图3-15所示,将旋转开关旋至╫挡,切换到电容测试挡位,分别将黑色表笔和红色表笔连接到 COM 和 V 孔,然后分别将黑色表笔和红色表笔连接到被测电容的两端,仪表将显示被测电容的测量值。

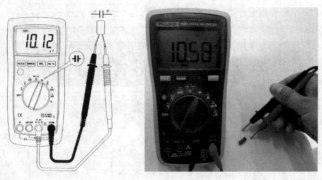

图 3-15 测量电容值

3.2.4 万用表使用注意事项

为保证测量的准确性和测量者的人身安全,在使用万用表过程中,尤其是在测量电压较高或电流较大时,严禁用手去接触表笔的金属部分,也严禁测量过程中换挡。否则,会对万用表造成不可逆损坏。若要换挡,应先断开表笔,换挡后再去测量。长期不用时应取出万用表内部的电池,以免电池漏液腐蚀表内电路板及元器件。

3.3 直流稳压电源

3.3.1 稳压电源概述

教学视频

直流稳压电源是一种为电路提供能源的设备,输入工频交流电压,输出可调整的稳定的直流电压。实验室使用的稳压电源通常为双路直流稳压电源,可输出两路独立可调的直流电压。

直流稳压电源可分为线性电源和开关电源。老式仪器大多数为线性电源,体积笨重,效率低下。现在大多数为开关式稳压电源,重量轻,效率高。

3.3.2 DF1731SL3ATB 型直流稳压电源简介

DF1731SL3ATB 型电源是 DF1731 系列电源中的一种具有主从两路输出,如图 3-16 所示。两路可调输出直流具有稳压和稳流自动转换功能,电路稳定可靠。稳压状态下,输出电压在 0～标称电压值任意调整。在稳流状态时,稳流输出电流能在 0～标称电流值连续可调。两路电源间可独立工作,也可以进行串联或并联。

DF1731SL3ATB 型双路输出直流稳压电源具有主从两路输出。

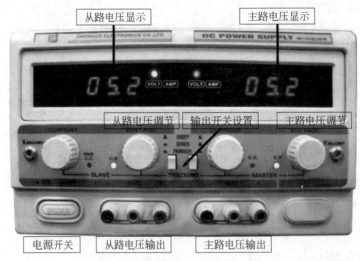

图 3-16   DF1731SL3ATB 型电源

3.3.3   使用方法

1. 电源使用的基本常识

(1) 打开电源,根据需要确定电源输出方式,调节电压(或稳流源的电流)输出大小,确定无误后,关掉电源。

(2) 用导线连接电源输出端子(注意正、负极性)和电路的电源端以及电路的参考地端。根据实际电路要求连接并检查无误后,再打开电源。

(3) 电源使用完毕,应先关掉电源,再去除连接导线。

2. DF1731SL3ATB 型电源的使用方法

DF1731SL3ATB 型电源常用于向电路板提供稳定的直流电压。提供直流电压有三种方式:主从两路电源各自独立使用,分别输出不同的可调直流电压,即独立模式;也可以主从电源串联提供出大小相等的正负直流电压,即串联模式;还可以主从电源结合供出更大电流的单路直流电压,即并联模式。

通过调节电源模式控制开关可调节双路电源的输出模式。当两个按钮同时弹起时,为主从电源独立模式;当左边按钮按下,右边按钮弹起时,为串联模式;当两个按钮均按下时,为并联模式。

(1) 稳压电源的独立使用。将电源模式控制开关均置于弹起位置,此时稳压电源处于双路独立输出模式。

主路(或从路)电源作为稳压源使用时,首先应将限流调节旋钮(左旋钮)顺时针调节到适当位置(以电路能够承受的最大电流为准),然后打开电源开关,同时调节电压调节旋钮,使从路和主路输出电压至需要的电压值时,稳压状态指示灯发光。

(2) 稳压电源的串联使用。将电源模式控制开关(左)按下,控制开关(右)置于弹起位置,此时稳压电源处于双路串联输出模式。

此时调节主路电源电压调节旋钮,从路的输出电压与主路输出电压尽可能保持一致。使输出电压最高可达两路电压的额定值之和(即主路输出正极和从路输出负极之间电压)。

在两路电源处于串联状态时,两路的输出电压由主路控制,但是两路的电流调节仍然是独立的。在两路串联时应注意从路电流调节旋钮,如从路电流调节旋钮在反时针到底的位置或从路输出超过限流保护点,此时从路的输出电压将不再跟踪主路的输出电压,因此一般两路串联时应将从路电流调节旋钮顺时针旋到最大。

(3) 稳压电源的并联使用。将电源模式控制开关(左)按下,控制开关(右)按下,此时稳压电源处于双路并联输出模式。

此时两路电源并联,调节主电源电压调节旋钮,两路输出电压一样,同时从路稳流指示灯发光。在两路电源处于并联状态时,从路电源的稳流调节旋钮不起作用。当可调电源作稳流源使用时,只需要调节主路的稳流调节旋钮,此时主、从路的输出电流均受其控制并且相同。其输出电流值最大可达两路输出电流值之和。在两路电源并联时,如有功率输出,则应使用与输出功率对应的导线分别将主、从电源的正端和正端、负端和负端可靠短接,使负载可靠地接在两路输出的输出端子上。如将负载只接在一路电源的输出端子上,将有可能造成两路电源输出电流的不平衡,严重时有可能造成串并联开关的损坏。

3. 稳压电源使用注意事项

(1) 使用过程中,严禁短路,若输出发生短路,应马上关掉电源。

(2) 因使用不当或环境异常等因素可能引起电源故障。当电源发生故障时,输出电压有可能超过额定输出最高电压,使用时务必注意,以免造成负载损坏。

(3) 供电电源线的保护接地端必须可靠接地。

3.4 数字信号源的使用

3.4.1 信号源概述

教学视频

信号源作为电路测试的源输出设备,可以提供电路需要的信号波形,通过设定信号源的输出信号波形、频率和幅度,使信号源输出电路所需的电信号。

目前,常见的信号源为数字信号源,其主要区别在外观上。大体有两类:一类是液晶屏显示,一类是数码管显示。在设定一个信号时,液晶显示的数字信号源通常通过与液晶屏菜单相配合的功能按键来选择波形形状、频率单位和幅度单位等;数码管显示的数字信号源在设定信号时,则是通过按键之间相互配合来设定波形形状、频率单位和幅度单位。

不同型号信号源虽然外观及面板以及具体操作上存在或多或少的差异,但基本功能大同小异,因此,数字信号源使用的一般操作步骤基本类似。

数字信号源一般操作步骤如下:

(1) 打开电源;

(2) 设定信号波形(如可选择正弦波形、方波、三角波、锯齿波等);

(3) 设定信号频率数值和选定频率单位(如 Hz、kHz、MHz 等);

(4) 设定信号幅度数值及其幅度单位(如 mV、V 等);

(5) 打开信号输出开关(有些信号源有此功能,有些信号源无须设定);

(6) 将信号源输出的信号接入电路相应端口。

3.4.2 F40(80)函数信号发生器简介

1. F40(80)信号源面板简介

如图 3-17 所示 F40(80)信号源显示区(包括左边的波形类型显示和中间的数字及单位等显示)所显示内容是由功能按键和数字按键结合操作后呈现出来的具体信息。数字按键和调节旋钮均可进行参数的设置,即通过转动旋钮可以改变显示区域"闪动"的数字大小,如果旋钮再结合功能按键区右上角的左右箭头键就可以方便地改变显示区数字。

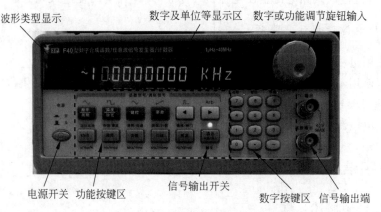

图 3-17 F40(80)函数信号发生器前面板

图 3-17 中"信号输出开关"控制按钮上面的指示灯"亮"表示信号源正常输出,开机默认为开启状态,如果关闭则灯灭且信号源无输出。

图 3-17 中功能按键区的大多数按键是多功能键。每个按键的基本功能标在该按键上,实现某按键基本功能,只须按该按键即可。大多数按键有第二功能,第二功能用蓝色标在这些按键的上方,实现按键第二功能,只须先按【Shift】键(该键在显示区标志字"shift"亮起),再按该按键即可。功能按键区第二排左边五个按键还可作单位键,具体单位标在这些按键的下方,要实现按键的单位功能,只要先按数字键,接着再按该按键即可。

　　图 3-17 中右下角的输出端口需要用带有 BNC 接头的同轴电缆接到使用该信号源的电路中,图 3-18 为信号源输出电缆示意图。

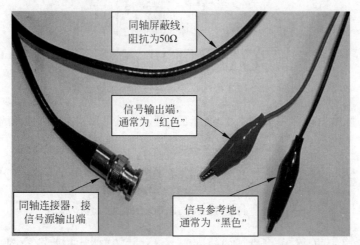

图 3-18　信号源输出电缆图

　　在使用中,信号源输出电缆的黑色鳄鱼夹一定要接到电路参考地端。

2. F40(80)信号源常用按键操作

　　使用前,先仔细检查电源电压是否符合本仪器的电压工作范围,确认无误后方可将电源线插入本仪器后面板的电源插座内。图 3-17 中左下角为本仪器的电源开关键,按下电源按钮接通电源。F40(80)进入待机状态,如图 3-19 所示。即开机后进入"点频"功能状态,波形显示区显示当前波形为"～"正弦波,频率为 10.00000000kHz。

$$\sim 10.0000000 \ \text{KHz}$$

图 3-19　F40(80)信号源开机初始状态显示

　　(1)"频率/周期"功能键操作。

　　"频率/周期"键为频率或周期两种设置功能切换按键。如果当前显示为频率(显示区数字右边为频率单位,即 Hz 或 kHz 或 MHz 等),再按【频率/周期】键,显示出当前周期值;如果当前显示为周期(显示区数字右边为周期单位,即 ms 或 s,实际显示的"秒"为色 SEC),再按【频率/周期】键,可以显示出当前频率值。

　　因为一个信号的频率与其周期互为倒数形式(即 $f = 1/T$),信号的频率也可用周期值的形式进行显示和输入。当信号源处于开机状态时,按"频率/周期"键循环操作将有如图 3-20 所示的两种显示方式循环切换。

　　通常情况下,设置一个信号多用"频率"方式,即显示区右边的当前单位为 Hz 或 kHz 或 MHz 等。如果不是频率单位,需要再按一次"频率/周期"键才能进行频率设置。

　　(2)"幅度/脉宽"功能键操作。

　　"幅度/脉宽"键最常用的功能是设置一个信号的幅度值,具体操作如下:

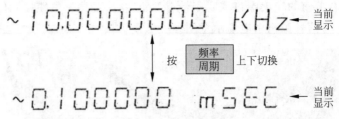

$$\sim 10.0000000 \quad KHz \leftarrow \text{当前}\atop\text{显示}$$

按 频率/周期 上下切换

$$\sim 0.100000 \quad mSEC \leftarrow \text{当前}\atop\text{显示}$$

图 3-20 "频率/周期"功能键循环切换显示

按"幅度/脉宽"键,显示如图 3-21 所示的信息后,就可以进行幅度数值输入和相应的单位输入。

按压 幅度/脉宽 显示 → $\sim 2.000 \quad VPP$

图 3-21 "幅度/脉宽"功能键设置幅度功能显示

图 3-21 中显示的是信号源默认的幅度值,右端的"VPP"为幅度单位(对应"Shift"键下方的单位为"Vpp"),其中"V"表示电压单位"伏","PP"表示峰-峰值。幅度单位还可以显示为"mVPP"(对应"调频"键下方的单位为"mVpp"),表示信号幅度峰-峰值单位为"毫伏"。

幅度单位还可以显示为有效值形式,显示"RMS"标记。当幅度单位为"VRMS"(对应"调幅"键下方的单位为"Vrms")或"mVRMS"(对应"扫描"键下方的单位为"mVrms"),分别表示所设置的信号幅度有效值单位分别为"V"或"mV"。

3.4.3 F40(80)信号源基本使用方法

按下信号源电源开关,F40(80)进入"点频"功能状态,即显示当前波形为正弦波"～",频率为 10.00000000kHz。信号源等待具体需求信号的设置操作。

注意:用数据键输入数据后,必须再输入单位,这时所设置的数据才开始生效,仪器将根据显示区数据输出信号,否则输入数值不起作用。使用"旋钮"输入数据时,数字改变后立即生效输出相应信号,不用再按单位键。

通常,用数字键加单位直接设置所需信号更快捷。

1. F40(80)信号源输出点频信号

点频功能模式是指输出一些基本波形,如正弦波、方波、三角波、升锯齿波、降锯齿波等。在点频功能模式下,大多数波形可以设定频率、幅度和直流偏移。

F40(80)信号源开机后自动进入"点频"状态,默认的输出信号频率为 10kHz,峰-峰值为 2V(即 $V_{PP}=2V$,则幅度 $V_m=1V$)的正弦波。

在 F40(80)信号源开机后的初始状态下,可以直接改变频率和幅度值,设置需要的正弦点频信号。

正弦点频信号设置的一般步骤如下。

（1）若为开机初始点频状态，可直接忽略步骤（2）进入步骤（3）。

（2）信号源不是正弦点频时，可先按【Shift】键再按【点频】键进入点频功能。

（3）频率设定：按【频率】键，显示当前频率值（单位是 kHz 或 MHz 等）；用数据键输入频率值，再按需要的频率单位键，这时仪器输出端口即有该频率信号输出。

（4）幅度设定：按【幅度】键，显示出当前幅度值（单位是 mV 或 V）；可用数据键输入幅度值，再按需要的电压单位键，这时仪器输出端口即有该幅度的信号输出。

2. 常用输出波形的选择设置

F40(80)信号源常用输出信号波形为正弦波、方波、三角波、升锯齿波、脉冲波五种，这五种波形可以直接使用第一排相应按键上面的蓝色第二功能来设置。常用波形幅度和频率设置方法与前面所述正弦波形的幅度和频率设置方法相同。

常用输出波形的选择设置方法（下述步骤是并列关系，没有先后顺序）：

（1）按【Shift】键后，再按相应波形键（如正弦波、方波、三角波、升锯齿波、脉冲波）即可。设置完成后，波形显示区显示相应的波形符号。

（2）频率设定：按【频率】键，显示频率值（单位是 kHz 等）；用数据键输入频率值，再按需要的频率单位键。

（3）幅度设定：按【幅度】键，显示出当前幅度值（单位是 V 等）；可用数据键输入幅度值，再按需要的电压单位键。

例如：用 F40(80)信号源产生一个频率为 2.5kHz、峰-峰值为 2.5V 的方波信号。

首先确认信号源为点频状态，操作步骤如下。

（1）波形设定：按键顺序为【Shift】【方波】。

（2）频率设定：按键顺序为【频率】【2】【·】【5】【kHz】。

（3）幅度设定：按键顺序为【幅度】【2】【·】【5】【Vpp】。

操作每一步对应的显示区域内容如图 3-22 所示。

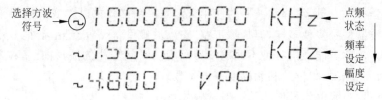

图 3-22　设定一个方波电压信号波形示意图

3. 直流偏移设定

前面所讲的正弦波形、方波和三角波设置方法均为关于 0V 上下对称的波形，如果想得到关于 0V 水平轴不对称的波形，即将波形整体向上移动（正偏移）或向下移动（负偏移），就需要在前面点频信号设置频率和幅度的操作基础上，进行直流偏移设置。

直流偏移电压的设置可以看作单独设置一个直流信号，该直流信号是与点频信号叠加后共同在仪器输出端口输出的。

直流偏移设定操作步骤：

按【Shift】键后再按【偏移】键,显示出当前直流偏移值(单位为 mV 或 V),可用数据键和电压单位键设置。

例如(直流偏移设定)：用 F40(80)信号源产生一个频率为 10kHz,峰-峰值为 2V,偏移值为 1V 的正弦波信号。

解：确认信号源为点频状态,操作步骤如下。

(1) 频率设定：按键顺序为【频率】【1】【0】【kHz】。

(2) 幅度设定：按键顺序为【幅度】【2】【Vpp】。

(3) 偏移设定：按键顺序为【Shift】【偏移】【1】【Vpp】。

其中,直流偏移量的设置操作显示如图 3-23 所示。

图 3-23 正弦信号添加直流偏移电压操作显示

教学视频

3.5 数字示波器的使用

3.5.1 示波器概述

示波器主要功能是把测量点的电压随时间变化曲线直观地显示在屏幕上。示波器也是电子设计调试维修过程中重要的电子测量仪器之一,对于电子、通信、信息等电类相关专业的工程技术人员,掌握示波器的使用方法是一项必备的基本实践技能。

数字示波器型号多种多样,但是除带宽、输入灵敏度等不完全相同外,基本使用方法都是相同的。示波器能观察各种不同电信号幅度随时间变化的波形曲线,在此基础上可测量电压、时间、频率、相位差和调幅度等电参数。

使用示波器观察电信号波形的一般步骤如下：

(1) 接通示波器供电电源,并打开示波器电源开关。

(2) 选择垂直方向(Y 轴)耦合方式。根据被测信号特点,将 Y 轴输入耦合方式设置为“交流”(AC)或“直流”(DC)。

(3) 选择垂直方向(Y 轴)灵敏度。根据被测信号幅度的大致范围,合理调整垂直方向(Y 轴)灵敏度“V/div”旋钮,以使被测信号能在窗口完整显示。

(4) 选择并设置合适的触发信号源。

(5) 选择扫描速度。根据被测信号周期(或频率)值,合理调整水平方向(X 轴)的扫描速度“t/div(或扫描范围)”,使屏幕上显示测试所需周期数的波形。

（6）输入被测信号。被测信号通过探头输入示波器的相应测试通道。

对于数字示波器，通常都具备自动测量功能，可以不用设置垂直方向和水平方向的灵敏度，直接通过自动测量按键进行信号曲线显示。

要正确使用并充分利用一台示波器的功能和性能指标，须认真阅读该示波器的使用说明书。

3.5.2 泰克数字示波器 TDS1002B 简介

泰克数字示波器 TDS1002B 的前面板如图 3-24 所示，其中面板的按钮标签有中文和英文两种类型，但按钮位置是固定的。图 3-24 中的选项按钮也称为屏幕按钮或侧面菜单按钮，操作这些按钮可以对屏幕中相对应的菜单项进行操作。

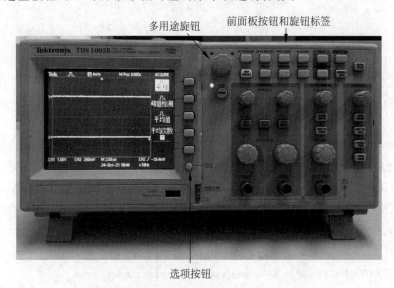

图 3-24 泰克数字示波器 TDS1002B 的前面板

1. 前面板按钮和旋钮

泰克数字示波器 TDS1002B 的前面板大体可分为以下几部分。

1）垂直控件

垂直控件如图 3-25 所示，包括左右功能相同的两部分按钮和旋钮，左边部分控制通道 1（CH1）待测量信号的垂直方向显示位置和幅度大小，右边部分控制通道 2（CH2）待测量信号的垂直方向显示位置和幅度大小。

"VERTICAL POSITION（垂直位置）"旋钮①（CH1 和 CH2）：可垂直定位（移动）相应通道波形在屏幕上的显示位置。

"CH1 MENU（CH1 菜单）和 CH2 MENU（CH2 菜单）"按钮：按该按钮显示对应通道的"垂直"菜单选项，并打开或关闭通道波形的显示。两个通道的垂直菜单是相互独立设置的，且该按钮具有对测量通道信号显示与否的开关功能。

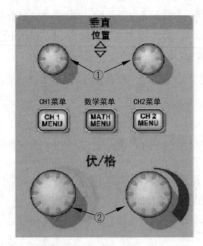

图 3-25　泰克数字示波器 TDS1002B 垂直控件

"VOLTS/DIV(伏/格)"旋钮②(CH1 和 CH2)：选择垂直刻度系数,即选择相应通道在显示区域垂直方向每一个大格代表的电压大小。

"MATH MENU(数学菜单)"按钮：显示波形数学运算菜单,并打开和关闭对数学波形的显示。

2) 水平控件

通过水平控制可以改变水平刻度,使得屏幕波形会围绕屏幕中心扩展或缩小,可以左右移动屏幕波形位置。水平控件如图 3-26 所示,其中各个旋钮或按键的含义如下。

"HORIZONTAL POSITION(水平位置)"旋钮：可以调整所有通道和数学波形的水平位置(即左右移动波形)。

"HORIZ MENU(水平菜单)"按钮：显示"水平菜单"。

"SET TO ZERO(设置为零)"按钮：将水平位置设为零。

"SEC/DIV(秒/格)"旋钮：改变水平刻度进而放大或压缩波形。调整该旋钮实际上是改变屏幕水平方向每一格代表的时间大小。由图中所标波形符号可以看出,顺时针旋转把波形放大(水平方向每一格代表的时间变小),逆时针旋转则压缩波形。

正常使用时,用"水平位置(HORIZONTAL POSITION)"旋钮控制触发相对于屏幕中心的位置,用"设置为零(SET TO ZERO)"按钮将水平位置设为零,用"秒/格(SEC/DIV)"旋钮改变水平刻度进而放大或压缩波形。

3) 触发控件

触发控件的主要功能为确定示波器开始采集数据以及显示波形的时间,正确设置触发后,示波器就能将不稳定的显示波形稳定下来。触发控件按钮或旋钮如图 3-27 所示,其中各旋钮或按键的含义如下。

"TRIGGER LEVEL(触发电平)"旋钮：调节触发电平旋钮,可以稳定波形设置,即设置采集波形时信号所必须越过的幅值电平。

"TRIG MENU(触发菜单)"按钮：按下按钮则显示"触发菜单"内容。

图 3-26 水平控件   图 3-27 触发控件

"SET TO 50％(设为 50％)"按钮：按下按钮将触发电平设为最大电压和最小电压的中点以快速稳定波形。

"FORCE TRIG(强制触发)"按钮：强制完成波形采集。

"TRIG VIEW(触发信号显示)"按钮：按下按钮在 Trigger View 模式下显示的是满足条件的触发波形而不是通道波形。

4）菜单和控件按钮

菜单和控件按钮如图 3-28 所示，图中左上角的"多用途旋钮"具体功能要根据显示屏幕右边显示的菜单或选定的菜单选项来确定。当该旋钮对应的指示灯变亮，表示多用途旋钮被激活，此时可以用它来调整菜单选项。选中后按"多用途旋钮"即可。

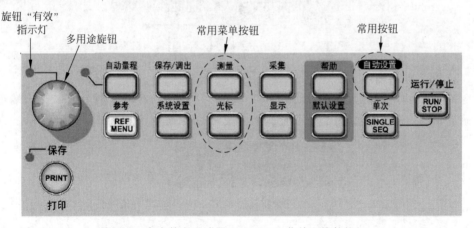

图 3-28 泰克数字示波器 TDS1002B 菜单和控件按钮

图 3-28 中的每个按钮各自对应有相应的菜单或功能，此处仅就比较常用的按钮及其菜单或按钮功能做简要介绍。

"AUTORANGE(自动量程)"按钮：显示"自动量程"菜单，并激活或禁用自动量程功能。自动量程激活时，其左边对应的指示灯变亮。

"MEASURE(测量)"按钮：显示自动测量参数选择菜单，这是示波器非常重要的一个按钮。按下"MEASURE(测量)"按钮，显示其对应的子菜单，一次最多可以选择实现五种参数测量功能，可以测量的各通道信号参数包括频率、周期、平均值、峰-峰值、均方根值、最小值、最大值等。

"CURSOR(光标)"按钮：显示"光标菜单"。光标功能可以用来测量振荡信号频率、振荡幅值、脉冲宽度、上升时间等，它总是成对出现，包括"幅度"和"时间"两类光标。"幅度"光标在显示屏上以水平线出现，可测量垂直参数；"时间"光标在显示屏上以垂直线出现，可同时测量水平参数和垂直参数。

"AUTOSET(自动设置)"按钮：自动设置示波器控制状态，以产生适用于输出信号的显示波形。如果不确定测量信号的大小和频率，可以使用该按钮进行自动测量。

"UTILITY(系统设置)"按钮：显示"系统设置"菜单，其中可以进行屏幕显示语言的设置。

"DISPLAY(显示)"按钮：按下按钮，显示屏幕显示方式设置的菜单。

"DEFAULT SETUP(默认设置)"按钮：调出厂家默认设置。可以通过该按钮恢复仪器默认的初始设置状态。

5) 输入连接器

示波器的输入连接器(端口)如图 3-29 所示。图中的"CH1"和"CH2"为被测量信号的接入端口，通过这两个端口接入的信号可以被示波器检测到并在显示屏显示波形。"EXT TRIG(外部触发)"接入端是外部触发信号源的输入连接器，较少使用。

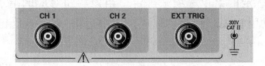

图 3-29   泰克数字示波器 TDS1002B 输入连接器

6) 探头补偿端

图 3-30 的右下角为"PROBE COMP(探头补偿)"端，有上下两个金属接出端组成，上面金属端为探头补偿输出，下面金属端为底座基准(即参考地端)。

图 3-30   泰克数字示波器 TDS1002B 探头补偿端

探头补偿端可以输出一个标准的方波信号(峰-峰值 5V，频率 1kHz)，可以将该信号通过探头接入 CH1 或 CH2 端口，用于检查探头及示波器通道是否正常。

2. 显示屏主要信息识别

泰克数字示波器 TDS1002B 显示屏主要信息示意图如图 3-31 所示，图中大方框区域

右侧垂直文字显示部分(如"耦合""反相"等信息)为菜单显示区,图中其他显示的信息所代表含义如下:

"1"处标记表示采集模式,采集模式有三种,即"取样模式""峰值检测模式"和"平均模式",此处图标表示"取样采集模式"。

"2"处标记显示触发状态;"3"处标记显示水平触发位置,可通过"水平位置"旋钮改变标记位置;"4"处标记显示触发点时间为零时,屏幕显示中心刻度处的时间读数。标记"2""3""4"所示触发相关信息对一般信号测量没有用。

"5"处标记显示边沿或脉冲宽度触发电平位置,调整触发电平时需要观察该标记。

"6"处的标记'1'代表 CH1 通道基准线(0V 位置),标记'2'代表 CH2 通道基准线(0V)位置。通过屏幕左侧的标记'1'和'2'可以区分两个通道信号位置。

"7"处标记箭头图标表示波形是反相的;

"8"处标记的"CH1 1.00V"表示 CH1 通道的垂直刻度系数为 1V(即垂直方向每个大格代表 1V);标记的"CH2 1.00V"表示 CH2 通道的垂直刻度系数为 1V(即垂直方向每个大格代表 1V)。

"9"处标记"BW"图标表示通道带宽受限制,信号幅度较大时该图标不显示。

"10"处标记水平方向主时基设置,如"M 100μs"表示水平方向每一大格代表 100μs,据此可以测量信号波形的周期。

"11"处标记显示的是触发使用的触发源("CH1"表示触发源为通道 1 信号)。

"12"处标记显示的是选定的触发类型(此处为上升沿触发)。

"13"处读数显示边沿或脉冲宽度触发电平(此处触发电平值为 750mV)。

"14"处读数为触发信号频率(此处触发信号频率为 1kHz)。

图 3-31 中屏幕右侧菜单区,可按屏幕右侧对应的未标记"选项按钮"进行选择。

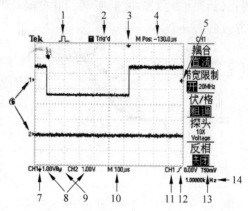

图 3-31　泰克数字示波器 TDS1002B 显示屏主要信息示意图

3. 数字示波器测试探头

示波器测量时需要将被测信号通过测试线接入测试通道(CH1 或 CH2)。图 3-32 为示波器测试探头示意图,示波器探头只允许用于连接示波器通道。

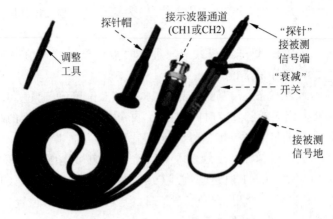

图 3-32　示波器测试探头（测试线）

图 3-32 中所示探头内部具有补偿电路，不允许将其连接到其他仪器上使用；图中的调整工具一般单独放置，需要时可用来调整补偿大小。图中的探针帽通常是戴在探针上的，若确需取下时，使用探针结束后注意及时将探针帽戴到探针上。探头上的"衰减"开关有"×1"和"×10"两个挡位。

1）探头"×1"和"×10"挡

本示波器的输入阻抗为 1MΩ 电阻和 20pF 电容的并联。并联电容是为了抑制高频干扰。示波器探头有"×1""×10"转换开关。

当探头开关置于"×1"挡时，示波器输入回路的等效电路如图 3-33 所示，图中 R_s 为信号源内阻。通常有 $R_s \ll R_1$。若输入为方波，当信号源输出上升沿时，因为信号输出功率有限，给电容充电需要时间，所以，示波器输入回路向示波器内部电路输出的电压信号的前沿变缓，上升时间延长，如图中右上角波形所示。即在示波器屏幕上看到的方波的上升沿将大于实际输入方波的上升沿。

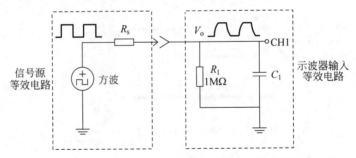

图 3-33　探头开关置于"×1"挡时，示波器输入回路的等效电路

当示波器探头置于"×10"挡时，输入回路的等效电路如图 3-34 所示。在稳态时，示波器输入回路对输入信号衰减为 1/10。示波器屏幕上显示的波形幅值需 ×10 倍，"×10"的说法由此而来。在数字示波器中，当在通道菜单中将探头置于"10×"挡后，屏幕上显示的波形和数据都已由示波器 ×10 了（即屏幕数据与实际数据一样了）。

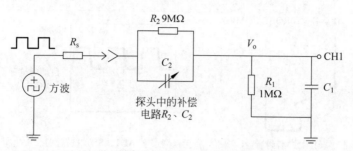

图 3-34　探头开关置于"×10"挡时,示波器输入回路的等效电路

注意："×1"挡适用于测量频率小于 6MHz 的正弦波信号(特别是小信号时)。"×10"挡适用于测量频率大于 6MHz 的正弦波(若用"×1"挡测大于 6MHz 的正弦信号将使输入信号的幅值减小,原因是带宽限制);测量周期较短、幅值较大的方波,探头应使用"×10"挡,"×10"挡可大大改善进入示波器方波的上升沿。

2) 探头衰减设置

探头有不同的衰减系数,它影响信号的垂直刻度。为保证在示波器显示区读出的垂直刻度数据与实际测量的数据相同,当探头衰减为 1/10 时,需要示波器把 CH1 端口测到的数据再变为 10 倍实现衰减系数匹配。否则,如果探头置于"×10"挡,而示波器通道菜单衰减系数选"1×"而不是"10×",则屏幕数据将是实际数据的 1/10。

例如,要将 CH1 通道上所连探头设置到衰减"×10"挡,则示波器 CH1 设置匹配操作步骤是:选择"CH1 菜单(CH1 MENU)"→"探头"→"电压"→"衰减"选项,然后选择"10×"(注意,示波器衰减选项的默认设置为 10×)。

3.5.3　数字示波器的基本使用

在对泰克数字示波器的面板构成及测试探头结构做了初步了解后,就可以着手接上电源,启动仪器来体验示波器的信号测量功能。

1. 功能检查

示波器功能检查具体步骤如下。

(1) 打开示波器电源开关。按"DEFAULT SETUP(默认设置)"按钮,示波器内部的探头选项默认的衰减设置为"10×",即默认状态是通道信号被扩为 10 倍。

(2) 在测试探头上将开关设为"10×",将探头连接到示波器的通道 1(CH1)上。测试线连到通道上的方法是,将探头连接器上的插槽对准 CH1 BNC 上的凸键,按下去即可连接,然后向右转动将探头锁定到位(拆除方法反方向操作即可)。将探头端部和基准导线(夹子)连接到"探头补偿"(PROBE COMP)终端上,如图 3-35(a)所示。

(3) 按"AUTOSET(自动设置)"按钮。几秒后应可以看到 5V 峰-峰值的 1kHz 方波信号(即示波器提供的标准信号),如图 3-35(b)所示,表明 CH1 通道正常。

按两次面板"CH1 MENU(CH1 菜单)"按钮删除通道 1 信号。将测试线接入 CH2

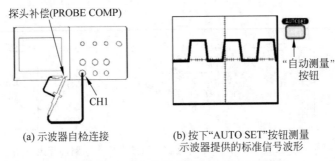

(a) 示波器自检连接

(b) 按下"AUTO SET"按钮测量
示波器提供的标准信号波形

图 3-35　示波器功能检查连接方法及自检波形

通道,补偿端接法不变,再按"CH2 MENU(CH2 菜单)"按钮显示通道 2 菜单,重复步骤
(2)和(3),检查通道 2 是否正常。

2. 简单测量

图 3-36 为示波器测量时探头的连接方法,即探头一端 BNC 头与通道 1(CH1)或通道 2(CH2)端口连接;探头的基准线(黑鳄鱼夹)需要与被测电路的参考地端相连,探针(或戴帽探头的金属钩)需要与被测点良好连接。

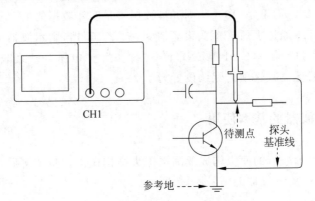

图 3-36　示波器测量时探头的连接方法

当需要查看电路中的某个信号,但又不了解该信号的幅值或频率时,要快速显示该信号,并测量其频率、周期和峰-峰值幅度,可用"AUTOSET(自动设置)"测量方法。具体步骤如下。

(1) 按"CH1 MENU(CH1 菜单)"按钮。通道 1 菜单如图 3-37 右边部分所示。

(2) 依次按"探头"(即"探头"项右边对应的选项按钮)→"电压"→"衰减"→"10×",如图 3-38 所示。

(3) 将探头上的开关设定为"10×"。

(4) 将通道 1 的探头端部与信号连接(即连接被测点);将基准导线连接到电路参考点(即参考地)。

(5) 按"AUTOSET"(自动设置)按钮。

示波器自动设置垂直、水平和触发控制。如果要优化波形的显示,可手动调整垂直、水平控制旋钮来调整。

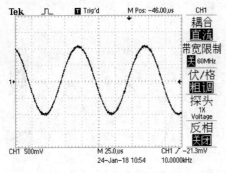

图 3-37　CH1 菜单

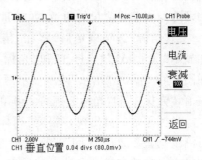

图 3-38　按"探头"选项设置衰减系数

3. 耦合方式设置

当按下任意通道菜单按钮如"CH1 MENU"或"CH2 MENU"时,示波器所显示的通道菜单第一项为"耦合"菜单项,该项提供"直流""交流"及"接地"三个耦合选项,选择不同的耦合方式,可以在显示的波形中确定是否含有直流成分。

4. 自动测量

示波器可自动测量大多数显示的信号,但如果"值"读数中显示问号(?),则表明信号在测量范围之外。需要调整"伏/格(VOLTS/DIV)"或"秒/格(SEC/DIV)"才可以正常显示,如图 3-39 所示。

自动测量之前准备:"CH1 MENU(CH1 菜单)"或"CH2 MENU(CH2 菜单)"中的"耦合"方式以及"探头"衰减系数应该设置完成,并将探头挡位置于与示波器内部衰减系数相匹配的位置,连接好测量探头。

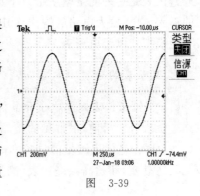

图　3-39

"MEASURE(测量)"菜单中的每一个测量子单的设置方法是类似的,自动测量每个参数设置的基本步骤如下。

(1) 按屏幕右侧对应子菜单选项按钮;显示"测量 X 菜单"。

(2) 按"信源"按钮→选择"CH1"或"CH2";按"类型"按钮→选择"XXX"参数(可用多用途旋钮选择)。"值"读数将显示测量结果及更新数据。

(3) 按"返回"选项按钮。

5. 光标测量

使用示波器的光标(CURSOR)功能可快速对信号波形进行时间和振幅测量,也可以对垂直方向任意两点间的电平差或水平方向任意两点间的时间差进行测量。

按"CURSOR(光标)"按钮,将出现光标菜单如图 3-39 所示,光标菜单显示"类型"和"信源"。在"类型"选择项中可选择光标类型,如"幅度""时间"及"关闭";在"信源"选项中可选择当前要测量的通道,如"CH1""CH2"等。

当"信源"选项确定后,将在"信源"菜单下再增加显示"增量(Δ)""光标 1"和"光标 2"测量结果项,如图 3-40 所示。"增量"菜单显示两个光标间的绝对差值,"光标 1"和"光标 2"显示光标的当前位置。

光标总是成对出现,"幅度"光标以水平线出现,可测量垂直参数;"时间"光标以垂直线出现,可同时测量水平参数和垂直参数。使用多用途旋钮可以移动当前活动光标,活动光标以实线表示,非活动光标以虚线表示。

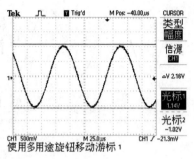

图 3-40 "CURSOR(光标)"按钮菜单

3.6 交流毫伏表

3.6.1 交流毫伏表概述

毫伏表是一种测量毫伏级以下正弦电压的交流电压表,可用来测量电视和收音机天线的输入电压、放大电路的输出电压、直流电源的纹波电压等,采用指针式的显示结构,又称为模拟式电子电压表。

1. 毫伏表的分类

(1) 根据毫伏表内部电子元器件的差别可分为电子管毫伏表、晶体管毫伏表和集成电路毫伏表等。目前,最常见的是晶体管毫伏表,如 DA-16、YB2172、EM2171 等。

(2) 根据毫伏表测量信号频率范围的大小可分为视频毫伏表(测量频率范围为几赫兹至几兆赫兹)和超高频毫伏表(测量频率范围为几千赫兹至几百兆赫兹)。

2. 毫伏表的特点

(1) 灵敏度高。灵敏度直接反映了毫伏表测量性能,灵敏度越高的毫伏表测量微弱信号的能力越强。一般毫伏表的灵敏度都能达到毫伏级,甚至测量低至微伏级的电压。例如 EM2171 毫伏表的最小测量电压为 $100\mu V$。

(2) 测量频率范围宽。一般毫伏表测量频率范围可以达到几百千赫兹,甚至可达到上百兆赫兹。例如 EM2171 的测频范围为 $10Hz\sim2MHz$。

(3) 输入阻抗高。毫伏表属于交流电压表,测量时需要与被测电路并联,因此毫伏表的输入阻抗越高,对被测电路的影响越小,测得结果更接近于被测电路的实际交流电压值。一般毫伏表的输入阻抗为几百欧姆到几兆欧姆。例如 EM2171 的输入电阻 $R_i \geqslant 2M\Omega$,输入电容 $C_i \leqslant 50pF$。

3.6.2　AS2294D 交流毫伏表的使用

1. 主要参数

AS2294D 系列双通道交流毫伏表由放大器电路和表头指示电路等组成。放大电路分别由两组基本性能相同的集成电路及晶体管组成，以确保电路的高稳定性。其表头采用同轴双指针式电表，可实时对双路交流电压进行测量和比较，以方便测量。

该系列毫伏表测量电压频率范围宽（测量的电压范围为 $30\mu V \sim 300V$），测量电压灵敏度高（测量的最小电压可达 $30\mu V$），本机噪声低（典型值为 $7\mu V$），测量误差小（整机工作误差＜3％典型值），线性度也较好。

AS2294D 系列毫伏表测量的频率范围为 $5Hz \sim 2MHz$，测量电平范围为 $-90 \sim +50dBV$。

前后面板各操作开关、输入输出插座如图 3-41 所示。

图 3-41　AS2294D 前后面板图

2. 开机准备工作及注意事项

（1）将测量仪器水平放置在桌面上。

（2）在接通电源前，先查看毫伏表的两个表针机械零点是否为"零"，如果不为"零"，则需分别扭动机械调零旋钮，使表针指在零位。

（3）测量电压大于 30V 时，操作时需注意安全，禁止用手触碰待测部位。

（4）所测交流电压中的直流分量应小于量程的三分之一，不得大于 100V。

（5）接通电源及输入量程转换时，指针会产生晃动，导致读数不准确，这是由于电容的放电过程，待电容放电完成指针稳定后再读取读数。

3. 使用方法

仪器在开启时自动置于高量程挡,若被测电压范围较小,逐挡降低量程,直至指针尽量接近满偏位置(或大于三分之二的位置)为止;测量时,需要先将毫伏表的地线连接好,再接信号线;测量后,应先把量程还原至高量程挡,再去信号线、地线;读数时,所置量程即指针满偏值;毫伏表仅能用于测量正弦交流电压,若测量非正弦电压需要进行相应的换算。

3.7 电路实验箱

3.7.1 概述

电路实验除了验证电路原理以外,更重要的是锻炼学生的动手实践能力。从锻炼学生动手能力的角度看,最好是让学生直接用分立的元器件焊接搭建实验电路,这样能达到最好的实验效果。但是这种方式费时费力,学生需要在搭建电路上花费过多的时间,实验室管理员的工作量也非常大,同时耗材支出也是一笔不小的开支,实验效率不高。为了解决这个问题,很多高校都使用集成式电路实验箱开展实验,将实验电路固化在实验箱里,实际元器件都安装在电路板背面,学生通过正面的电路符号来辨认电路,只需要进行简单的连线即可完成实验,实验效率明显提高。但是集成式实验箱电路固化,灵活性差,学生缺乏对元器件的感性认识,难以通过电路搭建过程锻炼动手实践能力,实验效果差。

电路实验如何实现效率和效果的双赢呢?编者通过多年的实验教学积累,设计出了一种电路教学元件实验箱(以下简称电路实验箱),如图 3-42 所示。电路实验箱将基本元器件固化在电路板上,节省了电路搭建的复杂度,提高了实验效率。实验箱可重复使用,也节省了成本。另一方面,学生仍需识别器件,并通过连线的方式搭建实验电路,提高了实验效果。该电路实验箱在实际使用中效果良好,很好地解决了效率与效果的问题。

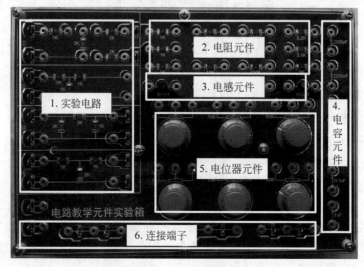

图 3-42　电路实验箱

3.7.2 电路实验箱功能介绍

电路实验箱主要是电阻、电容、电感、电位器和一些连接端子等无源元件,能满足电路分析基础课程验证性实验的使用要求。所有元件焊接在电路板上表面,学生能清楚地看到各元件实物以及连接元件的 PCB 走线。每个元件均有连线插孔或者连接端子,便于通过连线的方式搭建电路。为了保证电路实验安全,电路实验箱上表面用了一块透明亚克力盖板。

实验箱上的元件分为 6 部分:实验电路、电阻元件、电感元件、电容元件、电位器元件和连接端子。

1. 实验电路

电路实验箱上集成了验证性实验所使用的电阻电路,预留了引线端子和测试端子,学生只需进行简单的连线操作即可完成电路搭建。之所将这些电路集成在实验箱上,是为了避免学生做实验时使用过多的连线,提高电路可靠性和实验效率。当然,学生也可以不用实验电路,直接用元器件搭建。

2. 电阻元件

提供了 $1k\Omega$、$10k\Omega$、$100k\Omega$ 等常用电阻各 3 个,另外还提供了 $6.2k\Omega$、$5.1k\Omega$、$2k\Omega$ 三种电阻。所有电阻均为常用的贴片封装。

3. 电容元件

提供了 $2200pF$、$0.047\mu F$、$0.1\mu F$、$1\mu F$ 等常用电容 6 个,均为贴片封装。

4. 电感元件

提供了 $100\mu H$、$1mH$、$10mH$ 电感共 4 个,均为直插封装。

5. 电位器元件

提供了 $1k\Omega$、$10k\Omega$、$50k\Omega$ 电位器各 2 个。当实验箱提供的电阻阻值均不满足要求,或者需要调节电阻值时,就可以使用电位器元件。

6. 连接端子

在实验箱底部安装了连接端子,用于搭建电路时的公共地或电路节点。

需要说明的是,电路实验箱的用途是实验电路的搭建,读者完全可以用其他仪器或分立元器件来代替。

思考题

1. 如何选择电烙铁?

2. 如何评价焊接质量的优劣?

3. 简要概述电烙铁的使用方法。

4. 万用表有什么功能?

5. 指针万用表和数字万用表有什么区别?

6. 练习万用表测量操作。

7. F40(80)信号源开机后,在信号源输出端有无信号输出如何确定? 使用中要特别注意什么问题才能保证信号正常输出?

8. F40(80)信号源开机后,默认输出信号频率为 10kHz,峰-峰值为 2V 的正弦波,试根据默认状态显示情况,简单总结信号源点频显示的频率、幅度及波形要点(即点频信号有哪些显示? 否则就不是点频正弦波)。

9. 用 F40(80)信号源产生一个正弦信号通常需要哪些操作?

10. 示波器的最主要功能是什么? 为什么说掌握示波器的使用方法是电子设备维护人员必备的基本实践技能?

11. 泰克示波器 TDS1002B 能提供的标准信号是什么? 该信号的周期是多少?

12. 用 CH1 通道接补偿信号,按"AUTOSET(自动设置)"后可测到补偿信号,要想使波形上下移动,需要调整什么?

13. 用 CH1 通道接补偿信号,按"AUTOSET(自动设置)"后可测到补偿信号,要想使波形幅度大小发生变化,需要调整什么?

14. 用 CH1 通道接补偿信号,按"AUTOSET(自动设置)"后可测到补偿信号,要想使波形左右移动,需要调整什么?

15. 毫伏表的功能有什么? 可以用来测量哪些物理量?

第4章

电路仿真分析方法

电路分析是电路设计的核心和基础,既可以采用手工分析,也可以采用计算机仿真进行辅助分析(Computer Aided Analysis,CAA)。随着计算机技术、信息技术、计算机辅助制造(Computer Aided Manufacturing,CAM)和计算机辅助测试(Computer Aided Test,CAT)等技术的进步,电子电路工程师经历了从手工分析、计算机辅助分析、计算机辅助设计(Computer Aided Design,CAD)到电子设计自动化技术(Electronic Design Automation,EDA)的飞速发展阶段。EDA技术是在CAD技术基础上发展起来的,是指以计算机为工作平台,融合了应用电子技术、计算机技术、信息处理及智能化技术的最新成果,进行电子产品的自动设计。目前各种EDA工具已成为电子电路工程师进行电路分析和设计的重要手段。

利用EDA工具,电子设计师可以从概念、算法、协议等开始设计电子系统,大量工作可以通过计算机完成,并可以将电子产品从电路设计、性能分析到设计出IC版图或PCB版图的整个过程在计算机上自动处理完成。而起源于EWB的Multisim软件更是凭借界面形象直观、操作方便、分析功能强大、易学易用等突出的优点得到迅速推广和应用,成为电子类专业课程教学和实验的一种辅助手段。通过Multisim和虚拟仪器技术,使用者可以完成从理论到原理图与仿真,再到原型设计和测试这样一个完整的综合设计流程。

本章首先从电子电路发展历史开始,对电子电路计算机辅助设计CAD的发展概况、NI Multisim的发展史进行简单介绍;接着介绍Multisim最新版本Multisim14的界面、功能及各种仿真操作;最后介绍应用Multisim软件对电子电路进行仿真分析的实例。

4.1 电路仿真分析概述

4.1.1 EDA技术的发展

电路设计往往是设计者根据设计指标,提出电路框图,初步确定电路结构和元器件参数,然后利用实验或电路模拟程序对该电路进行验证,再根据模拟结果来评估其优劣,并决定是否要修改,其步骤如图4-1所示。一般地,这个过程要反复多次,直到最终得到完全符合要求的电路。

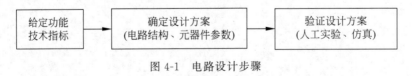

图4-1 电路设计步骤

在计算机应用于电路分析之前,电子电路的设计实质上是一个以实验为主,定性分析和定量分析为辅的设计过程,存在分析精度不高、设计周期长、人力物力成本高、复杂电路分析困难等不足。在20世纪六七十年代,人们试着利用计算机设计电子电路硬件。初期的CAD技术自动化程度不高,使用电路分析程序对电子电路进行模拟仿真,不仅要求使用者具备电路分析等方面的知识,还要对计算机编程以及如何将电路转换成程序可识别的模型要有深入研究。除了个别特殊类型的电路之外,利用 CAD 进行电路设计是一项复杂而艰巨的任务,是只有少数人能够进行的"贵族化"项目。

随着技术的进步,近几十年来,新软件层出不穷。"旧时王谢堂前燕,飞入寻常百姓家",一些优秀的电路分析软件脱颖而出,SPICE、VHDL、Protel、MAX＋plus Ⅱ、MATLAB 等软件不断走向实用。这些软件中既有用于模拟电路分析的,也有用于数字电路分析的;既有侧重于某一方面或专用电路仿真的,也有通用电路仿真的;还有不少是综合了多种技术的混合仿真。与过去功能单一的计算机辅助分析软件不同,新的软件无论是在功能、应用方面,还是在实用化、平民化方面都有了长足的发展。目前,EDA 技术不仅包括电子电路设计与仿真,还涵盖了系统设计与仿真、印制电路板(Print Circuit Board,PCB)设计与验证、集成电路(Integrated Circuit,IC)版图设计、嵌入式系统设计、系统芯片设计(System on Chip,SoC)、可编程逻辑芯片设计(Programmable Logic Device,PLD)、可编程系统芯片设计(System on Programmable Chip,SoPC)、专用集成电路设计(Application Specific IC，ASIC)等,EDA 技术已渗透到了电子电路的设计、仿真、验证、制造等整个过程的各个环节,在电子系统分析和设计中扮演着越来越重要的角色。

目前,进入我国并具有较大影响的 EDA 软件有:用于模拟电路或混合电路仿真的 EWB、PSPICE、ORCAD、Multisim,用于数字电路仿真的 MAX＋plus Ⅱ、QUARTUS Ⅱ、VHDL、Verilog HDL,用于印制电路板布线设计的 Protel,用于电力电子系统设计的 Saber,用于集成电路设计的 Cadence、Synopsys、Mentor Graphics,等等。功能较强的 EDA 软件多以商业软件的形式出现,其中比较著名的软件供应商有 Cadence、Synopsys、Mentor Graphics、ORCAD、Altium、Altera。鉴于篇幅,此处不再对这些公司及其软件多做介绍,感兴趣的读者可自行登录各公司网站查阅。

EDA 软件具有以下功能:

(1) 电路设计。电路设计主要指原理电路的设计、PCB 设计、ASIC 设计、可编程逻辑器件设计和单片机(MCI)设计。具体地说,就是设计人员在 EDA 软件的图形编辑器中,利用软件提供的图形工具(包括通用绘图工具盒、电子元器件图形符号及外观图形的元器件图形库)准确、快捷地画出产品设计所需要的电路原理图和 PCB 图。

(2) 电路仿真。电路仿真是利用 EDA 软件工具的模拟功能对电路环境(含电路元器件及测试仪器)和电路过程(从激励到响应的全过程)进行仿真。这项工作对应着传统电子设计中的电路搭建和性能测试,即设计人员将目标电路的原理图输入由 EDA 软件建立的仿真器中,利用软件提供的仿真工具(包括仿真测试仪器和电子器件仿真模型的参数库)对电路的实际工作情况进行模拟,器件模拟的真实程度主要取决于电子元器件仿真模型的逼真程度。由于不需要真实电路环境的介入,因此花费少、效率高,而且显示结果快捷、准确、形象。

(3) 系统分析。系统分析就是应用 EDA 软件自带的仿真算法包对所设计电路的系统性能进行仿真计算,设计人员可以用仿真得出的数据对该电路的静态特性(如直流工作点等静态参数)、动态特征(如瞬态响应等动态参数)、频率特性(如频谱、噪声、失真等频率参数)、系统稳定性(如系统传递函数、零点和极点参数)等系统性能进行分析。最后,将分析结果用于改进和优化该电路的设计。有了这个功能,设计人员就能以简单、快捷的方式对所涉及电路的实际性能做出较为准确的描述。同时,非设计人员也可以通过使用 EDA 软件的这个功能深入了解实际电路的综合性能,为其应用这些电路提供依据。

4.1.2 电子电路仿真核心程序 SPICE 介绍

迄今为止,在难以计数的通用电路模拟程序中,SPICE(Simulation Program with Integrated Circuit Emphasis)是国际上公认的最精确、适用电路最普遍、流行最广泛的通用电路模拟程序。该程序最初由美国加州大学伯克利分校电气工程与计算机科学系开发,主程序采用改进节点法进行电路分析,第一、二版用 FORTRAN 语言编程实现,第三版开始改用 C 语言编程实现。虽然最初设计该程序主要是用于解决集成电路设计中出现的问题,但现在它的用途已远远超出了这个范围,很多商业电子电路 EDA 软件都采用 SPICE 作为内核,许多电子元器件制造商都提供元器件的 SPICE 模型。1988 年美国还专门将 SPICE 确定为美国国家工业标准。

由于 SPICE 仿真程序采用完全开放的政策,用户可以按自己的需要进行修改,加之实用性好,迅速得到推广,已经被移植到多个操作系统平台上。SPICE 自问世以来,经历了 SPICE2、SPICE3 等多个版本的更新,人们普遍认为 SPICE2G5 是最成功和最有效的,以后的版本仅仅是在电路输入、图形化、数据结构和提高执行效率等方面做了局部的改动。许多商用模拟电路仿真工具都是在原始的 SPICE2 基础上做了一些实用化的改进后推出的,其中 ORCAD 公司的 PSPICE、NI(National Instruments)公司的 Multisim 在国内流行较广,尤其是 Multisim 软件,因其界面形象友好、操作简单方便、分析功能强大和易学易用等优点,非常适合电路和电子课程的辅助教学,许多大学都将其作为电子电路类课程的辅助教学工具使用。

在对实际电路进行分析时,通常的做法是先对实际电路器件进行建模,然后依据模型进行数学分析,最后根据分析结果进行物理解释。建模是一项复杂的工程,建模时需要抓住器件主要的物理特性,对于复杂的电子器件,往往根据实际需要采用多个理想元件组合实现,对实际器件模拟的精确度在很大程度上取决于所建模型。虽然 SPICE 能够直接处理的元器件模型仅有 20 多种,但是通过定义"子电路",可以极大地扩充分析电路的范围,这些子电路既可以在使用时临时扩充,也可以从众多的电子元器件生产厂商网站获取。SPICE 模型一般由两部分组成:模型方程式(Model Equations)和模型参数(Model Parameters)。SPICE 中提供了大量现成的模型,除电阻、电容、电感、互感、独立电压源、独立电流源、受控源、传输线以及有源半导体器件外,还有众多电子元器件生产厂商提供的模型,这些模型为 SPICE 的应用和推广奠定了坚实的基础。

得到由理想元件组成的电路模型后,就可以基于此模型进行电路分析,电路基础课程中所进行的分析都是基于理想元件模型的。在进行计算机分析之前,还需要将电路元件模型转变成能够由计算机程序识别的计算机编程模型,这在 SPICE 中是如何实现的呢? 作为使用最广泛的模拟电路计算机模型描述语言,SPICE 创造性地采用了网络表(Netlist)来描述电路,SPICE 的网络表格式已成为通常模拟电路和晶体管级电路描述的标准。

下面是由电路图形成网络表的一个具体例子。电路如图 4-2 所示,电路中受控电压源 V3 与其左端的电阻符号表示压控电压源 VCVS,即 V3 为压控电压源,其值为 $7U_{R1}$,此处 U_{R1} 为电阻 R1 两端电压。

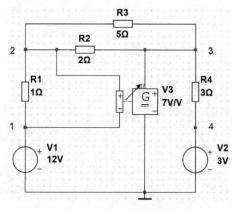

图 4-2　电路仿真例题

首先在电路图上选好参考节点(GND),标出电路所有节点 1、2、3、4,根据电路图编写如下的 SPICE 电路描述文件(%后为语句注释部分):

```
DC circuit with a VCVS    % 标题卡,它是必须的
V1   1   0   DC 10        % 元件卡,此处表示直流电压源 V1 连接于节点 1、0,电压值为 10V
V2   4   0   DC 3         % 元件卡,此处表示直流电压源 V2 连接于节点 4、0,电压值为 3V
R1   2   1   1            % 元件卡,此处表示电阻 R1 连接于节点 2、1,电阻值为 1Ω
R2   2   3   2            % 元件卡,此处表示电阻 R2 连接于节点 2、3,电阻值为 2Ω
R3   2   4   5            % 元件卡,此处表示电阻 R3 连接于节点 2、4,电阻值为 5Ω
R4   3   4   3            % 元件卡,此处表示电阻 R4 连接于节点 3、4,电阻值为 3Ω
V3   3   0   2   1   7    % 元件卡,此处表示压控电压源 V3 连接于节点 3、0,控制支路连接于节
                         % 点 2、1,压控电压源 V3 输出电压为控制支路电压的 7 倍
.OP                      % 控制卡,要求 SPICE 进行工作点分析
.END                     % 结束卡,必须放在最后
```

在 SPICE 发展初期,上述电路描述文件一般通过手工编写,然后送入 SPICE 运行。目前,多数仿真软件只须在其电路图编辑软件中绘制电路图即可,仿真软件自动形成网络表,再送给后台 SPICE 程序进行计算。今天的 ORCAD、Multisim 均不再需要手工输入电路结构,而是采用直接绘制电路图的方法,不过在 ORCAD、Multisim 中仍能看到其形成的网络表,图 4-3 即是 Multisim 对图 4-2 所示电路形成的网络表 Netlist Report。

网表报告 (来自文档: 图4-2)

	网络	电路图	元器件	管脚
1	0	图4-2	地线	1
2	0	图4-2	V3	3
3	0	图4-2	V2	2
4	0	图4-2	V1	2
5	1	图4-2	R1	2
6	1	图4-2	V1	1
7	1	图4-2	V3	1
8	2	图4-2	R3	1
9	2	图4-2	R2	1
10	2	图4-2	R1	1
11	2	图4-2	V3	2
12	3	图4-2	V3	4
13	3	图4-2	R3	2
14	3	图4-2	R2	2
15	3	图4-2	R4	1
16	4	图4-2	R4	2
17	4	图4-2	V2	1

图 4-3　电路网络表

根据网络表,SPICE 内部分析程序可以自动形成节点法中的导纳矩阵,求解导纳矩阵,得到电路中各节点电压,根据控制卡提出的分析要求,进行相应分析,输出固定格式的电路分析结果。

对于电路仿真者来讲,一般无须知道 SPICE 程序如何运作,可以把 SPICE 程序看作一个“黑箱”或“计算器”,只须提供给 SPICE 程序一个网络表(Netlist)文件即可,SPICE 程序会给出一定格式的结果文件,仿真者可以从得到的结果文件中提取所需要的分析结果。现在 SPICE 模型已经广泛应用于电子电路的分析和设计中,可对电路进行直流分析、瞬态分析、交流分析、噪声特性分析、温度特性分析等。

4.1.3　Multisim 的发展历史

Multisim 的前身是加拿大的 EWB (Electrical Workbench)软件。Multisim 是加拿大 IIT(Interactive Image Technologies)公司推出的以 Windows 为基础的电路仿真工具,它包含电路原理图的输入和电路硬件描述语言输入等,具有丰富的仿真分析功能。2007 年被 NI 公司收购,历经了从 EWB4.0 到 Multisim 14 的发展历程,目前的最新版本是 Multisim 14。

Multisim 14 新增了许多专业设计特性,主要针对高级仿真工具、新增元器件和扩展的用户功能,新增特性如下。

(1) 主动分析模式:所有分析及设置都放在一个对话框中,全新的主动分析模式可以更快速、直观地获得仿真结果并运行分析结果。

(2) 电压、电流和功率探针:探针功能被重新设计,通过全新的电压、电流、功率和数字化探针实现可视化交互仿真结果,同时可以对选择的输出变量进行自动分析。

(3) 基于 Digilent FPGA 板卡支持的数字逻辑:使用 Multisim 14 探索原始的 VHDL 格式的数字逻辑原理图,以便移植到各种 FPGA 的教学平台使用。

(4) 添加自定义封装到 RLC 元件库:在 RLC 元器件表中有新的管理封装按钮,打开对话框就可以从主数据库、用户数据库或共同数据库增加任何封装到封装菜单以供选择使用。

(5) 基于 Multisim 14 和 MPLAB 的微控制器教学:全新的 MPLAB 教学应用程序集成了 Multisim 14,可以实现微控制器和外设仿真。

(6) 借助 Ultiboard 完成高级项目设计:Ultiboard 学生版本新增加了 Gerber 和 PCB 制造文件导出函数,可以帮助学生完成毕业设计项目。

(7) 用于 iPad 的 Multisim Touch :借助 iPad 版 Multisim 14,可以方便地随时随地进行电路仿真设计。

(8) 来自领先制造商的 6000 多种新组件:借助领先半导体制造商的新版和升级版仿真模型,可以扩展使用模式。

(9) 先进的电源设计:借助来自 NXP 和美国国际整流器公司开发的全新的 MOSFET 和 IGBT,可以搭建先进的电源电路。

(10) 基于 Multisim 14 和 MPLAB 的微控制器设计:借助 Multisim 14 和 MPLAB 之间的新协同仿真功能,使用数字逻辑搭建完整的模拟电路系统和微控制器。

工程师们可以使用 Multisim 交互式地搭建电路原理图,并对电路进行仿真。Multisim 提炼了 SPICE 仿真的复杂内容,这样工程师无须深入掌握 SPICE 技术就可以很快地进行捕获、仿真和分析新的设计,这也使其更适合电子学教育。

4.2 Multisim 14 介绍

Multisim 14 进一步增强了强大的仿真技术,可以帮助教学、科研和设计人员分析模拟、数字和电力电子场景。新增的功能包括全新的参数分析、新嵌入式硬件的集成以及通过用户可定义的模板简化设计,NI Multisim 标准服务项目客户还可以参加在线自学培训课程。

通过 Multisim 提炼的 SPICE 与 NI 的虚拟仪器技术的完美结合,为电子工程师们搭建了一种在电路原理图、电路仿真、仿真结果分析之间能方便交互的有效平台,极大地方便了工程师们的设计工作。

对于教学应用,可到 http://www.ni.com 下载相关软件,出现图 4-4 所示画面(本书以 NI Multisim 14 为例进行说明)。

4.2.1　Multisim 界面工作区简介

在开始/程序菜单中启动 NI Multisim 14 以后,出现界面如图 4-4 所示。

图 4-4　启动界面

Multisim 14 的工作区界面如图 4-5 所示。主窗口类似于 Windows 的界面风格,主要由标题栏、菜单栏、工具栏、元件栏、仿真栏、仪器仪表栏、视图栏、探针栏、工作区域和状态栏等部分组成。下面将对主要组成部分进行详细说明。

4.2.2　Multisim 界面菜单栏介绍

菜单栏位于界面的上方(如图 4-6 所示),采用菜单、工具栏和热键相结合的方式,由文件(File)、编辑(Edit)、视图(View)、放置(Place)、单片机(MCU)、仿真(Simulate)、文件传输(Transfer)、工具(Tools)、报表(Reports)、选项(Options)、窗口(Window)、帮助(Help)组成,共 12 项。菜单栏具有一般 Windows 应用软件的界面风格,如 File、Edit、View、Options、Help;还有一些 EDA 软件专用的选项,如 Place、Simulation、Transfer 以及 Tools 等;通过菜单可以对 Multisim 的所有功能进行操作。这些菜单下都有一系列的功能命令,下面对各菜单项进行详细说明。

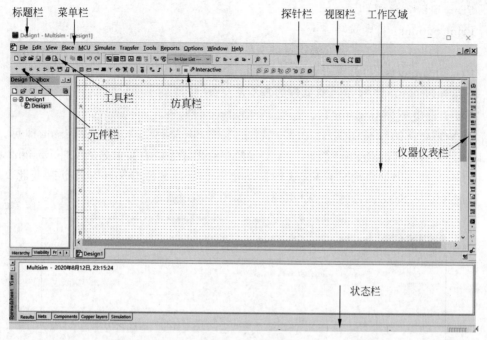

图 4-5　工作区界面

图 4-6　菜单栏

（1）**File**：File 菜单（如图 4-7 所示）中包含了对文件和项目的基本操作以及打印，其命令包括

New：建立新文件。

Open：打开文件。

Open samples：打开软件安装路径下的自带实例。

Close：关闭当前文件。

Close all：关闭打开的所有文件。

Save：保存当前的文件。单击后显示一个标准的"保存文件"对话框，文件扩展名的后缀为 .ms14。

Save as：另存为。

Save all：保存所有文件。

Export template：将当前文件保存为模板文件输出。

Snippets：将选中对象保存为片段，以便后期使用。

Projects and packing：项目与打包，包含项目文件的新建、打开、保存、关闭、打包、解包、升级和版本控制。

Print：打印工作区内的电路原理图。

图 4-7　文件菜单

Print preview：打印预览。

Print options：打印选项。

Recent designs：打开最近编辑过的文件。

Recent projects：打开最近编辑过的项目。

File information：显示当前文件的基本信息。

Exit：退出 NI Multisim 14。

若要建立新的原理图文件,在菜单栏上选择 File/New/Blank and recent 即可,如图 4-8(a)所示。单击 Create 按钮后,在工程栏中会出现系统自动命名的文件 Design2,如图 4-8(b)所示。因为启动软件后,软件自动建立一个新文件 Design2,若欲改变此文件名,可选择 File/Save as,例如改成"电路 1",如图 4-8(c)所示。

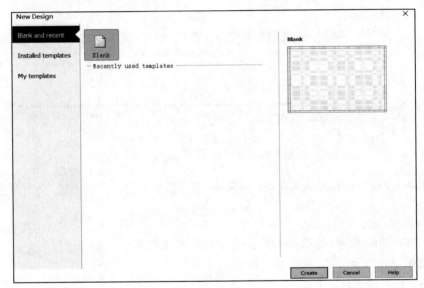

(a)

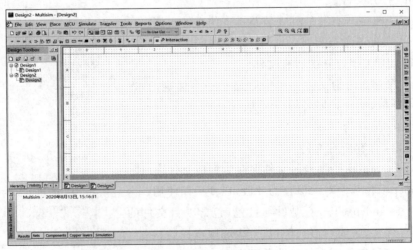

(b)

图 4-8　建立新文件界面

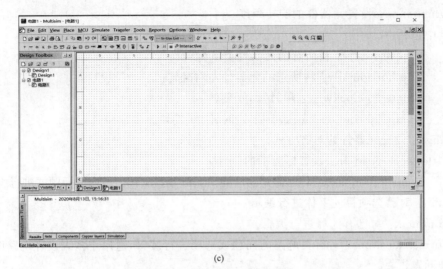

(c)

图 4-8 （续）

（2）**Edit**：Edit 命令（如图 4-9 所示）提供了类似于图形编辑软件的基本编辑功能，用于对电路和元件进行编辑，其命令包括

Undo：撤销前一次编辑。

Redo：恢复前一次编辑。

Cut：剪切。

Copy：复制。

Paste：粘贴。

Paste special：特殊形式的粘贴，主要对子电路进行操作。

Delete：删除。

Delete multi-page：从多页电路文件中删除指定页，该操作无法撤销。

Select all：全选。

Find：查找原理图中的元器件。

Merge selected buses：对工程中选定的总线进行合并。

Graphic annotation：图形注释选项，包括颜色、样式、箭头等。

Order：选择已选图形的放置层次。

Assign to layer：将已选的项目安排到注释层，包括错误标志、静态探针、注释和文本/图形。

Layer settings：设置可显示的对话框。

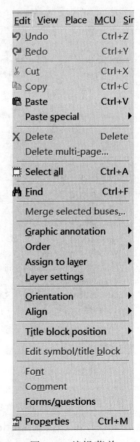

图 4-9 编辑菜单

Orientation：设置元器件的旋转角度。

其中包括：

Flip vertically：将所选的元器件上下翻转。

Flip horizontally：将所选的元器件左右翻转。

Rotate 90 clockwise：顺时针 90°旋转。

Rotate 90 counter clockwise：逆时针 90°旋转。

Align：设置元器件的对齐方式。

Title block position：设置标题框的位置。

Edit symbol/title block：对已选元器件的图形符号或工作区域内的标题框进行编辑。

Font：对已选项目的字体进行编辑。

Comment：对已有注释进行编辑。

Forms/questions：对有关电路的问题或选项进行编辑,适用于多人设计电路时进行讨论和问题汇总。

Properties：编辑元器件属性。

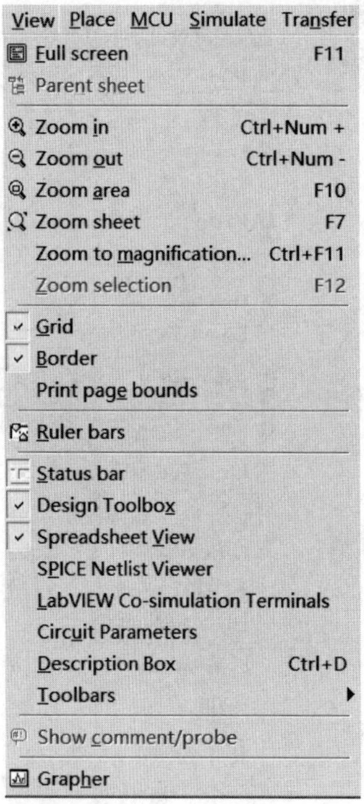

(3) **View**：通过 View 菜单(如图 4-10 所示)可以决定使用软件时的视图,对一些工具栏和窗口进行控制,其命令包括

Full screen：全屏显示电路图。

Parent sheet：快速进行子电路和主电路的切换。

Zoom in：放大原理图。

Zoom out：缩小原理图。

Zoom area：对所选区域元件进行放大。

Zoom sheet：显示整个原理图界面。

Zoom to magnification：设置放大率。

Zoom selection：对所选电路进行放大。

Grid：是否显示栅格。

Border：是否显示边界。

Print page bounds：是否打印纸张边界。

Ruler bars：显示或隐藏工作区域尺度条。

Status bars：显示或隐藏状态栏。

Design Toolbox：显示或隐藏设计工具箱。

Spreadsheet View：显示或隐藏电子表格视窗。

图 4-10　视图菜单

SPICE Netlist Viewer：显示或隐藏电路 SPICE 网表。

LabVIEW Co-simulation Terminals：LabVIEW 协同仿真。

Circuit Parameters：显示或隐藏电路参数表。

Description Box：显示或隐藏电路描述框。

Toolbars：显示或隐藏工具栏。

Show comment /probe：显示或隐藏已选注释或静态探针。

Grapher：显示或隐藏仿真结果的图表。

（4）**Place**：通过 Place 菜单放置元器件、连接点、总线和子电路等，如图 4-11 所示，其命令包括

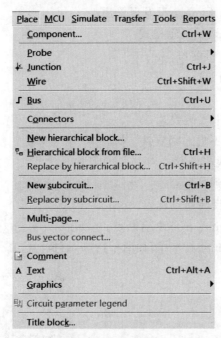

图 4-11　放置菜单

Component：放置元器件。

Probe：放置探针。

Junction：放置连接点。

Wire：放置导线。

Bus：放置总线。

Connectors：放置连接器。

New hierarchical block：放置层次模块。

Hierarchical block from file：从已有电路文件中选择层次电路模块。

Replace by hierarchical block：将已选电路用一个新层次电路模块代替。

New subcircuit：放置新的子电路。

Replace by subcircuit：重新选择子电路替代当前选中的子电路。

Multi-page：新建平行设计页。

Bus vector connect：放置总线矢量连接器，这是从多引脚器件上引出许多连接段的首选方法。

Comment：在工作区域中放置注释。

Text：在工作区域中放置文字。

Graphics：在工作区域中放置图形。

Circuit parameter legend：放置电路参数图例。

Title block：放置标题栏。

(5) **MCU**：单片机调试，如图 4-12 所示，其命令包括

No MCU Component found：没发现单片机。

Debug view format：调试显示格式。

MCU windows：单片机窗口。

Line numbers：显示行数。

Pause：暂停。

Step into：单步执行进入函数。

Step over：单步执行不进入函数。

Step out：单步执行跳出函数。

Run to cursor：运行到光标处。

Toggle breakpoint：反转断点标志。

Remove all breakpoints：清除所有断点。

(6) **Simulate**：通过 Simulate 菜单(如图 4-13 所示)执行仿真分析命令，其命令包括

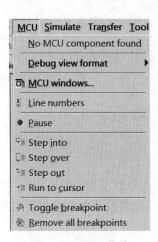

图 4-12　MCU 菜单　　　　图 4-13　仿真菜单

Run：执行仿真。

Pause：暂停仿真。

Stop：停止仿真。

Analyses and simulation：选用各项分析功能。

Instruments：选用仪表(也可通过工具栏选择)。

Mixed-mode simulation settings：混合模式仿真设置。

Probe settings：设置探针属性。

Reverse probe direction：选择探针,改变其方向。

Locate reference probe：把选择的探针锁定在固定位置。

Nl ELVIS Ⅱ simulation settings：Nl ELVIS Ⅱ仿真设置。

Postprocessor：启用后处理。

Simulation error log/audit trail：显示仿真的错误记录/检查仿真轨迹。

XSPICE command line interface：打开可执行的 XSPICE 的窗口。

Load simulation settings：加载曾经保存的仿真设置。

Save simulation settings：保存仿真设置。

Auto fault option：自动设置故障选项。

Clear instrument data：清除仿真仪器中的波形。

Use tolerances：设置仿真时是否考虑元件容差。

(7) **Transfer**：Transfer 菜单(如图 4-14 所示)提供的命令可以完成 Multisim 对其 EDA 软件需要的文件格式的输出,其命令包括

Transfer to Ultiboard：将所设计的电路图转换为 Ultiboard(Multisim 中的电路板设计软件)的文件格式。

Forward annotate to Ultiboard：将所设计的电路图转换为 Ultiboard14。

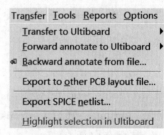

图 4-14 文件输出菜单

Backward annotate from file：将在文件中所做的修改标记到正在编辑的电路中。

Export to other PCB layout file：可以将所需的文件传到第三方 PCB 设计软件。

Export SPICE netlist：输出电路网格表文件。

Highlight selection in Ultiboard：当 Ultiboard 运行时,若在 Multisim 中选择某元器件,则 Ultiboard 中的对应部分将高亮显示。

(8) **Tools**：通过 Tools 菜单(如图 4-15 所示)对元器件进行编辑与管理,主要命令包括

Component wizard：打开创建新元器件向导。

Database：数据库菜单。

Variant manager：变体管理器。

Set active variant：设置有效变体。

Circuit wizards：电路设计向导。

SPICE netlist viewer：查看网络表。

Advanced RefDes configuration：元器件重命名或重新编号,可实现其统一修改。

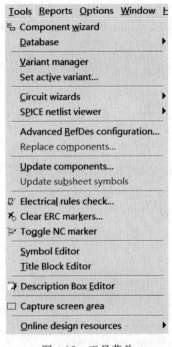

图 4-15　工具菜单

Replace components：对已选元器件进行替换。

Update components：更新元器件。

Update subsheet symbols：更新 HB/SB 符号。

Electrical rules check：检查电气连接规则。

Clear ERC markers：清除 ERC 错误标记。

Toggle NC marker：在已选的引脚放置无连接标号，防止将导线错误连接到此引脚。

Symbol Editor：符号编辑器。

Title Block Editor：标题栏编辑器。

Capture screen area：对屏幕上特定区域进行图形捕捉，并保存到剪切板。

Online design resources：在线设计资源。

（9）**Reports**：Reports 菜单（如图 4-16 所示）用于输出电路的各种统计报告，其命令包括

Bill of Materials：材料明细单。

Component detail report：元件明细报告表。

Netlist report：网络表。

Cross reference report：交叉参考表。

Schematic statistics：原理图统计表。

Spare gates report：空闲门报告表。

（10）**Options**：通过 Options 菜单（如图 4-17 所示）可以对软件的运行环境进行定制和设置，其命令包括：

Global options：设置软件整体操作环境。

Sheet properties：设置页面环境参数。

Lock toolbars：锁定工具栏。

Customize interface：定制用户界面图。

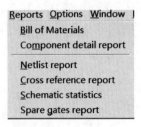

图 4-16　报告菜单

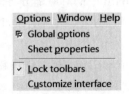

图 4-17　选项菜单

（11）**Window**：Window 菜单（如图 4-18 所示）用于对窗口进行排列、打开、层叠、关闭等操作，其命令包括：

New window：新建窗口。

Close：关闭窗口。

Close all：关闭所有窗口。

Cascade：层叠分布。

Tile horizontally：标题水平分布。

Tile vertically：标题垂直分布。

Design 1：项目名。

Next window：转到下一个窗口。

Previous window：转到前一个窗口。

Windows…：打开窗口对话框。

（12）**Help**：Help 菜单（如图 4-19 所示）提供了对 Multisim 的在线帮助和辅助说明，其命令包括

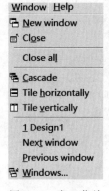

图 4-18　窗口菜单

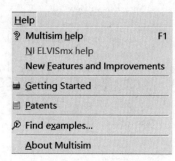

图 4-19　帮助菜单

Multisim help：Multisim 的在线帮助。

NI ELVISmx help：显示关于 NI ELVISmx 的帮助目录。

New Features and Improvement：显示关于 Multisim 新特点和提高的帮助目录。

Getting Started：打开 Multisim 入门指南。

Patents：打开专利对话框。

Find examples：查找实例。

About Multisim：显示 Multisim 的版本说明。

4.2.3　Multisim 界面工具栏介绍

Multisim 14 提供了多种工具栏，并以层次化的模式加以管理，用户可以通过 View 菜单中的选项或 View/Toolbars 中的选项（如图 4-20 所示）方便地将工具栏打开或关闭。比较有代表性的工具栏有工程栏（View/Design Toolbox）、元件栏（View/Toolbars/Components）、仪表栏（View/Toolbars/Instruments）、仿真栏（View/Toolbars/Simulation），下面逐一介绍。

Multisim - [Design1]

View Place MCU Simulate Transfer		✓ Standard
🖵 Full screen	F11	✓ View
🔁 Parent sheet		✓ Main
		Graphic Annotation
🔍 Zoom in	Ctrl+Num +	Analog components
🔍 Zoom out	Ctrl+Num -	Basic
🔍 Zoom area	F10	Diodes
🔍 Zoom sheet	F7	Transistor components
Zoom to magnification...	Ctrl+F11	Measurement components
Zoom selection	F12	Miscellaneous components
✓ Grid		✓ Components
✓ Border		Power source components
Print page bounds		Rated virtual components
🖺 Ruler bars		Signal source components
🔲 Status bar		Virtual
✓ Design Toolbox		✓ Simulation
✓ Spreadsheet View		Instruments
SPICE Netlist Viewer		Description Editor
LabVIEW Co-simulation Terminals		MCU
Circuit Parameters		LabVIEW instruments
Description Box	Ctrl+D	NI ELVISmx instruments
Toolbars ▶		✓ Place probe
🔲 Show comment/probe		
📉 Grapher		

图 4-20　工具栏开关

(1) 标准工具栏(View/Toolbars/Standard),如图 4 21 所示,主要提供一些文件操作功能,按钮从左至右的功能为新建文件、打开文件、打开设计实例、文件保存、打印电路、打印预览、剪切、复制、粘贴、撤销和恢复。

(2) 视图工具栏(View/Toolbars/View),如图 4-22 所示,提供了视图显示的操作功能,按钮从左至右的功能为放大、缩小、对指定区域缩放、页面缩放和全屏显示。

图 4-21　标准工具栏　　　　　　　　图 4-22　视图工具栏

(3) 主工具栏(View/Toolbars/Main),如图 4-23 所示,它是 Multisim 的核心操作,提供了电路的设计、仿真与分析、输出设计数据等功能,完成对电路从设计到分析的全部功能,按钮从左至右的功能如下所示。

图 4-23　主工具栏

① 设计工具箱:显示或隐藏设计工具栏。
② 电子表格视图:开关电路的电子数据表,位于电路工作区下方。

③ 元器件编辑：显示或隐藏 SPICE 网络表格查看器。

④ 元器件向导：创建新元器件向导，可以调整、增加和创建新元器件。

⑤ 仿真：开始或结束仿真。

⑥ 绘图：显示分析得到的图形。

⑦ 分析：在下拉菜单中选择分析方法。

⑧ 后处理器：打开后处理器，对仿真结果进一步操作。

（4）元器件工具栏（View/Toolbars/Components），如图 4-24 所示，它的每一个按钮都对应一类元器件，可以开关下层的工具栏，其分类方式和 Multisim 元器件数据库中的分类相对应，通过按钮上的图标就可大致清楚该类元器件的类型，此外，它还包括放置层次电路和总线的操作。

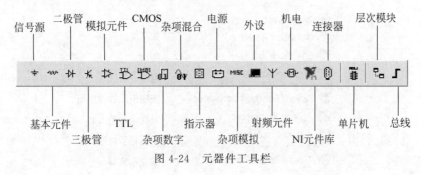

图 4-24　元器件工具栏

（5）工程工具栏（View/Design Toolbox），如图 4-25 所示，主要完成对 Multisim 项目文件的管理，图 4-25 工程栏下端三个按键对项目及文件层次显示（Hierarchy）、可视化（Visibility）和建立工程的显示（Project View）等进行控制。

（6）仪器仪表栏（View/Toolbars/Instruments），如图 4-26 所示，它集中了 Multisim 为用户提供的所有虚拟仪器仪表，用户可以通过按钮选择自己需要的仪器仪表对电路进行观测。在选用后，各种虚拟仪器仪表都以面板的方式显示在电路图中，这是 NI 的特色之一。图 4-26 是虚拟仪器仪表的名称及表示方法的汇总表。

图 4-25　工程工具栏

（7）仿真工具栏（View/Toolbars/Simulation），如图 4-27 所示，它可以控制电路仿真的开始、结束和暂停。

（8）探针工具栏（View/Toolbars/Place probe），如图 4-28 所示，单击相应的图标可放置不同类型的电压、电流和功率等探针。各探针的功能从左至右分别为

电压探针：显示被测点对地的电压当前值、峰-峰值、有效值、直流分量和工作频率。

电流探针：显示被测支路电流的当前值、峰-峰值、有效值、直流分量和工作频率。

功率探针：显示被测元器件功率的有效值、平均值。

对应按钮	菜单上的表示方法	仪器仪表名称
	Multimeter	万用表
	Function Generator	波形发生器
	Wattmeter	瓦特表
	Oscilloscope	示波器
	Four Channel Oscilloscope	四通道示波器
	Bode Plotter	波特图图示仪
	Frequency Counter	频率计数器
	Word Generator	字元发生器
	Logic Analyzer	逻辑分析仪
	Logic Converter	逻辑转换仪
	IV Analyzer	IV分析仪
	Distortion Analyzer	失真度分析仪
	Spectrum Analyzer	频谱仪
	Network Analyzer	网络分析仪
	Agilent Function Generator	安捷伦函数发生器
	Agilent Multimeter	安捷伦万用表
	Agilent Oscilloscope	安捷伦示波器
	Tektronix Oscilloscope	泰克示波器
	Measurement Probe	测量探针
	Preset Measurement Probes	预置测量探针
	LabVIEW™	LabVIEW
	Current Probe	电流探针

图 4-26　仪器仪表工具栏

▶ Ⅱ ■ ♪Interactive

图 4-27　仿真工具栏

图 4-28　探针工具栏

　　电压差动探针：拥有两个探针，可以接在某个元器件或某条支路的两端，显示被测元器件的电压差或被测支路的电压差、峰峰值、有效值、直流分量和工作频率。注意两个探针必须同时接入电路。

　　电压-电流探针：同时实现单个电压、电流探针的功能。

　　参考电压探针：可以配合单个电压探针使用，实现电压差动探针的功能，优势在于可以灵活的选择参考点。

　　数字探针：可以在数字电路或逻辑电路里使用。

　　设置按钮：单击打开设置对话框，可以对所有探针显示的参数、外观和记录形式进行设置。

4.2.4 Multisim 电路元器件的放置

看到这里,你一定迫不及待地想绘制电路图了吧? 不要着急,你还需要了解关于元器件放置的一些基本知识。

(1) 通常,在绘制电路原理图之前,首先需要对菜单栏 Options/Global Options 进行设置,主要是对 Components 下 Symbol standard 项进行选择,如图 4-29 所示,ANSI 对应美国国标,如电阻 ⎰⎱⎰⎱ ,IEC 与我国标准相近,如电阻 ▭ 。

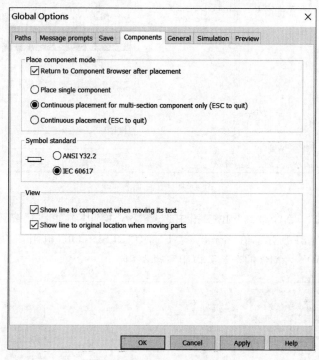

图 4-29　元件图符选择

(2) 排布电路图编辑窗口中各种元器件、信号源、仪器仪表的位置。

(3) 放置元器件,Multisim 常用元器件如图 4-24 所示,单击元器件栏相应按钮即会弹出对应元器件菜单。

(4) 单击"信号源"按钮,弹出界面如图 4-30 所示。

页面左上端为使用的数据库 Database,一般选择 Master Database;左边自上而下第 2 个为组 Group,此处选择元件大类,单击其选择框右边的下拉按钮可选择不同的大类;左边自上而下第 3 个为系列 Family,下面框中是元件小类,例如 POWER_SOURCES 代表电源类、CONTROLLED_VOLTAGE 代表受控电压源、CONTROLLED_CURRENT 代表受控电流源。页面中间为元件 Component,其中有交流电源 AC_POWER、直流电源 DC_POWER、数字地 DGND、地 GROUND 等。注意,电路中必须放置一个地,即 DGND 或 GROUND。

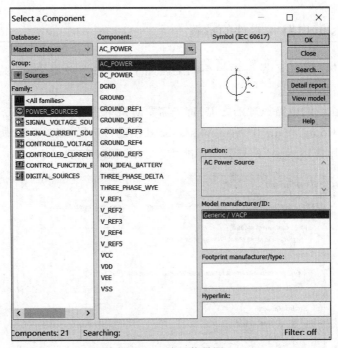

图 4-30　放置信号源

(5) 放置电阻。在 Group 下拉按钮中选择"BASIC(基本元件)"按钮,弹出对话框中"Family"栏,如图 4-31 所示。在 Family 栏下选中"RESISTOR(电阻)",其"Component(元件)"栏中有从 $1.0\Omega \sim 22M\Omega$ 的全系列电阻可供调用。

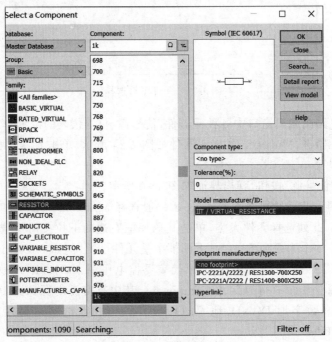

图 4-31　放置电阻

（6）放置电容、电感可参照放置电阻的步骤，如图 4-32 和图 4-33 所示。

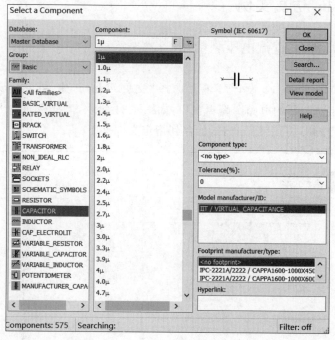

图 4-32　放置电容

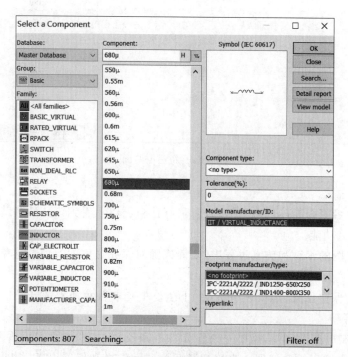

图 4-33　放置电感

4.3 Multisim 仿真实例

4.3.1 仿真实例 1：直流电压测量

（1）打开 Multisim 14 设计环境。选择"文件 File/新建 New/原理图 Schematic Capture"，即弹出一个新的电路图编辑窗口，如图 4-34 所示，工程栏同时出现一个新的名称。单击"保存"按钮，将该文件命名，保存到指定文件夹下。

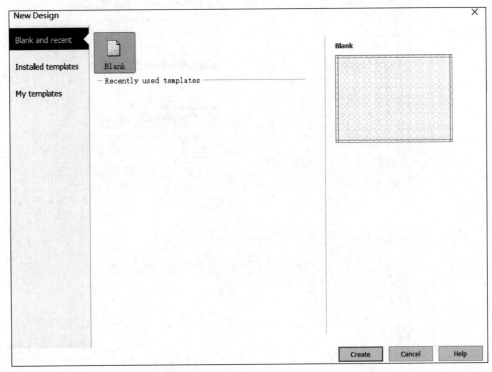

图 4-34 新建电路图

这里需要说明的是：

① 文件的名字要能体现电路的功能，最好让自己以后看到该文件名就能马上想起该文件实现了什么功能。

② 在电路图的编辑和仿真过程中，要养成随时保存文件的习惯。避免没有及时保存而导致文件的丢失或损坏。

③ 文件的保存位置，最好用一个专门的文件夹来保存所有基于 Multisim 14 的例子，这样便于管理。

（2）在绘制电路图之前，需要先熟悉元件栏和仪器仪表栏的内容，看看 Multisim 14 都提供了哪些电路元件和仪器。直接把鼠标放到元件栏和仪器仪表栏相应的位置，系统会自动弹出元件或仪器仪表的类型。

（3）首先放置电源。单击元件栏的放置信号源选项，出现如图 4-35 所示的对话框。

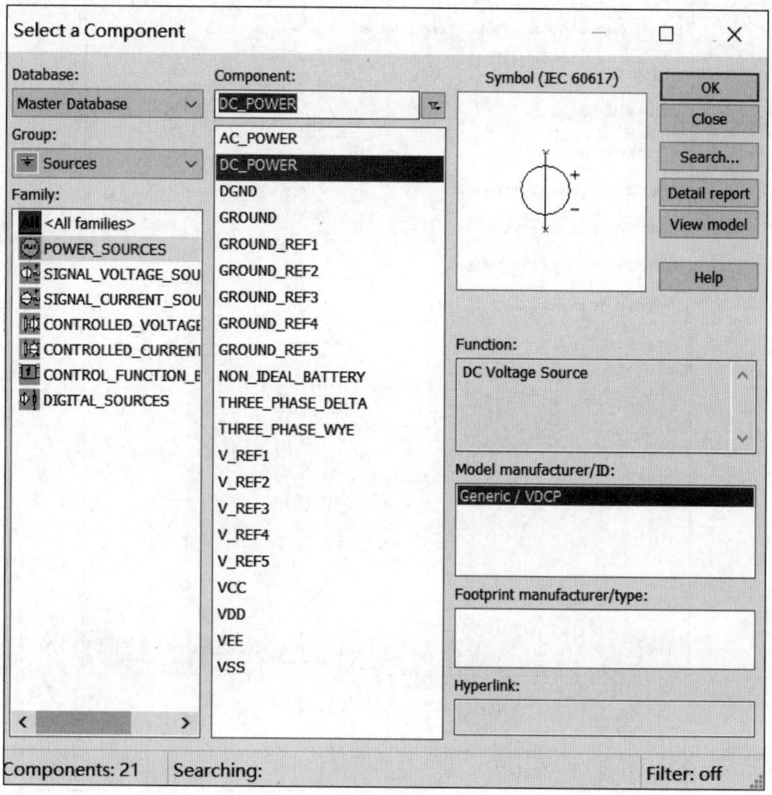

图 4-35　选择元件

① 在"数据库"选项中选择"主数据库"。

② 在"组"选项中选择"Sources"。

③ 在"系列"选项中选择"POWER_SOURCES"。

④ 在"元件"选项中选择"DC_POWER"。

⑤ 在右边的"符号""功能"等对话框中，会根据所选项目列出相应的说明。

（4）选择好电源符号后，单击"确定"按钮，移动鼠标到电路编辑窗口，选择放置位置后，单击即可将电源符号放置于电路编辑窗口中。放置完成后，还会弹出元件选择对话框，可以继续放置，单击"关闭"按钮可以取消放置。

（5）可以看到，放置的电源符号显示的是 12V。实际需要的可能不是 12V，那怎么来修改呢？双击该电源符号，出现如图 4-36 所示的属性对话框，在该对话框里，可以更改该元件的属性，将电压改为 3V 即可。

（6）接下来放置电阻。选择"基本元件"，弹出如图 4-31 所示对话框。

① 在"数据库"选项中选择"主数据库"。

② 在"组"选项中选择"Basic"。

③ 在"系列"选项中选择"RESISTOR"。

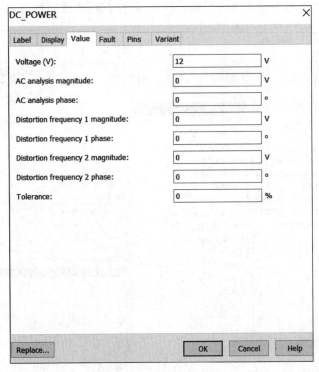

图 4-36　元件参数修改

④ 在"元件"选项中选择"20k"。

⑤ 在右边的"符号""功能"等对话框中,会根据所选项目列出相应的说明。

(7) 按上述方法,再放置一个 10kΩ 的电阻和一个 100kΩ 的可调电阻。放置完毕后,如图 4-37 所示。

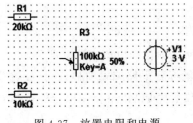

图 4-37　放置电阻和电源

(8) 可以看到,放置后的元件都按照默认的摆放情况被放置在编辑窗口中。例如电阻是默认横着摆放的,但实际在绘制电路过程中,各种元件的摆放情况是不一样的。例如想把电阻 R1 变成竖直摆放,该怎样操作呢? 可以通过这样的步骤来操作:将鼠标放在电阻 R1 上,然后右击,这时会弹出一个对话框,在对话框中可以选择让元件顺时针或者逆时针旋转 90°,如图 4-38 所示。如果元件摆放的位置不合适,想移动元件,则将鼠标放在元件上,按住鼠标左键,即可拖动元件到合适位置。

(9) 放置电压表。在仪器仪表栏选择"万用表",将鼠标移动到电路编辑窗口内,这时可以看到,鼠标上跟随着一个万用表 XMM1 的简易图形符号,然后单击,将万用表放置在合适位置。万用表的属性同样可以双击进行查看和修改。

所有元件放置好后,如图 4-39 所示。

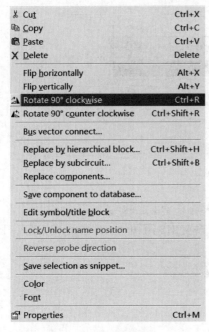

✂ Cut	Ctrl+X
📋 Copy	Ctrl+C
📋 Paste	Ctrl+V
✗ Delete	Delete
Flip horizontally	Alt+X
Flip vertically	Alt+Y
Rotate 90° clockwise	Ctrl+R
Rotate 90° counter clockwise	Ctrl+Shift+R
Bus vector connect...	
Replace by hierarchical block...	Ctrl+Shift+H
Replace by subcircuit...	Ctrl+Shift+B
Replace components...	
Save component to database...	
Edit symbol/title block	
Lock/Unlock name position	
Reverse probe direction	
Save selection as snippet...	
Color	
Font	
Properties	Ctrl+M

图 4-38　元件旋转

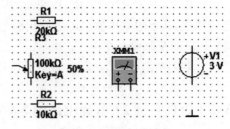

图 4-39　放置万用表

（10）连线。将鼠标移动到电源的正极,当鼠标指针变成 ✦ 时,表示导线已经和正极连接起来了,单击将该连接点固定,然后移动鼠标到电阻 R1 的右端,出现小红点后,表示正确连接到 R1 了,单击固定,这样一根导线就连接好了,如图 4-40 所示。如果想要删除这根导线,将鼠标移动到该导线的任意位置,然后右击,选择"删除",即可将该导线删除,或者选中导线,直接按"delete"键删除。

将各连线连接好,如图 4-41 所示。注意:在电路图的绘制中地线是必需的。

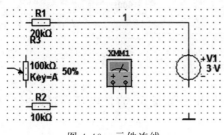

图 4-40　元件连线

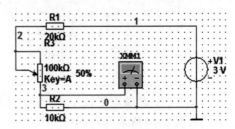

图 4-41　完整的电路图

（11）仿真。电路连接完毕,检查无误后,就可以进行仿真了。单击仿真栏中的绿色开始按钮 ▶,电路进入仿真状态。双击图中的万用表符号,即可弹出如图 4-42 所示的对话框,在这里显示了电阻 R2 上的电压。至于显示的电压值是否正确,可以根据电路图验算一下:R2 上的电压值应等于 375mV,代入值后,经验证电压表显示的电压正确。R3 的阻值是如何得来的呢?从图中可以看出,R3 是一个 100kΩ 的可调电阻,其调节百分比为 50%，则在这个电路中，R3 的阻值为 50kΩ。

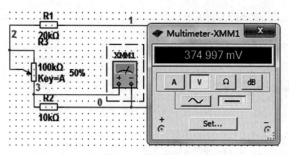

图 4-42　仿真显示

关闭仿真，改变 R2 的阻值，按照前述方法再次观察 R2 上的电压值，会发现随着 R2 阻值的变化，其上的电压值也随之变化。注意：在改变 R2 阻值时，最好关闭仿真。千万注意：一定要及时保存文件。

以上就是利用 Multisim 14 进行电路仿真的基本步骤。

4.3.2　仿真实例 2：有源电路的等效

（1）测定理想电压源（恒压源）的外特性。新建原理图文件，如图 4-43 所示。

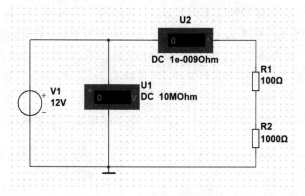

图 4-43　理想电压源电路

（2）测量负载端电压，需要放置伏特表，它可以用来测量交、直流电压。单击元件栏会出现如图 4-44 所示的对话框。

① 在"数据库"选项中选择"主数据库"。

② 在"组"选项中选择"Indicators"。

③ 在"系列"选项中选择"VOLTMETER"。

④ 在"元件"选项中，选择"VOLTMETER_V"，它表示垂直接线，上面为正极、下面为负极的伏特表。

（3）测量负载电流，需要放置电流表，它可以用来测量交、直流电流。单击元件栏会出现如图 4-45 所示的对话框。

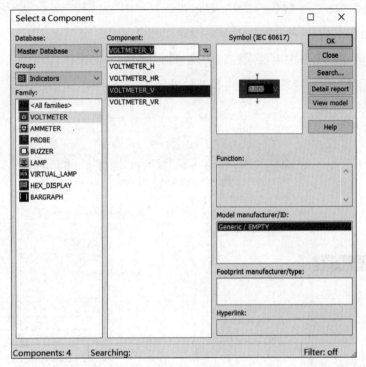

图 4-44　放置伏特表

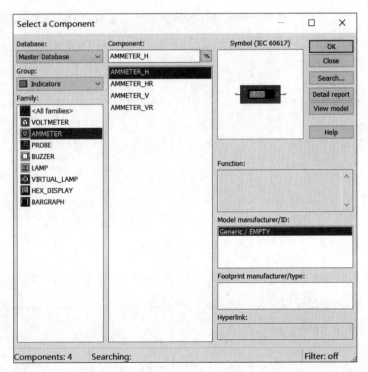

图 4-45　放置电流表

（4）对电阻 R2 进行参数扫描，参数扫描设置如图 4-46 所示。特别注意两个问题：一是扫描时电阻起始值、终止值和增量等参数的设置；二是设置直流工作点。测量输出电压和电流，需要把电路中需要观察的物理量添加到分析变量栏，如图 4-47 所示。这样可以得到电压源的伏安特性曲线即电压源的外特性，如图 4-48 所示。

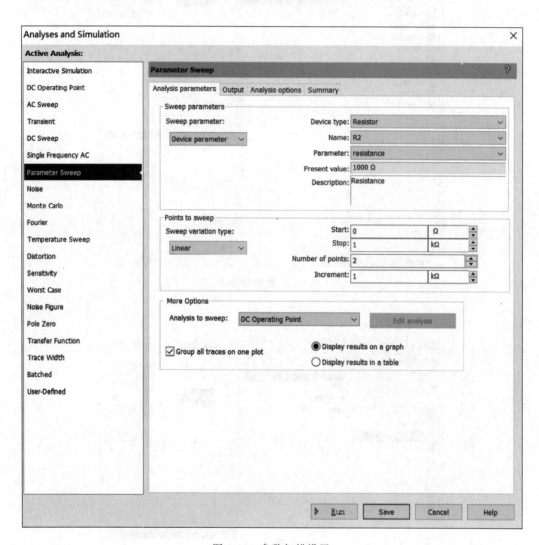

图 4-46　参数扫描设置

（5）将电压源改成实际电压源，如图 4-49 所示，图中内阻 RS 取 51Ω 的固定电阻，调节电位器 R2，扫描参数设置同上一步操作，令其阻值由大至小变化，重新测量实际电压源的伏安特性曲线，如图 4-50 所示。

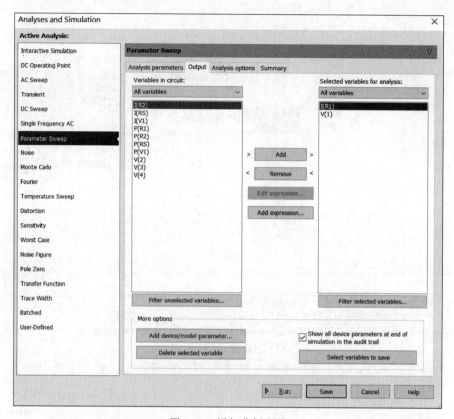

图 4-47 添加分析变量

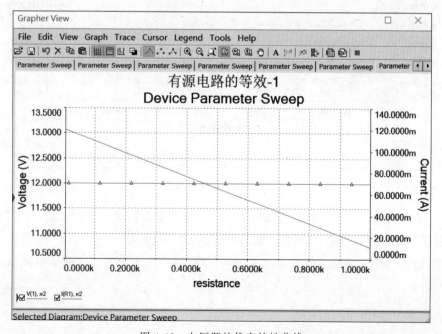

图 4-48 电压源的伏安特性曲线

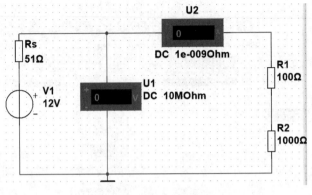

图 4-49　实际电压源电路

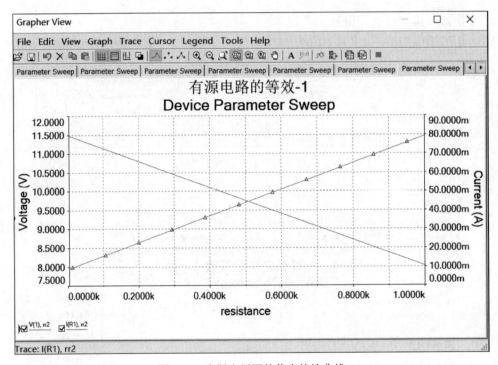

图 4-50　实际电压源的伏安特性曲线

　　(6) 有源二端电阻网络的伏安特性研究。被测有源二端网络如图 4-51 所示,负载为 R4。测试不同负载下的 I、U 的值,端口的伏安特性曲线如图 4-52 所示。

　　(7) 有源二端电阻网络的戴维南等效参数的测量,图 4-51 中 R4 两端的戴维南等效参数的测量。

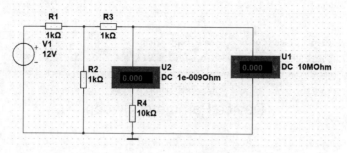

图 4-51   有源电阻网络

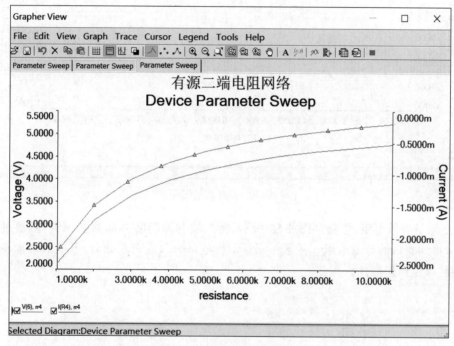

图 4-52   端口的伏安特性曲线

① 开路电压的测量，将负载 R4 断开，测出断口处的开路电压，如图 4-53 所示，开路
电压为 6V，如图 4-54 所示。

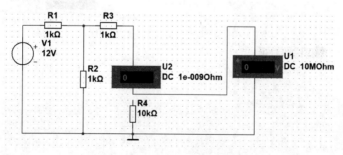

图 4-53   有源二端电阻网络

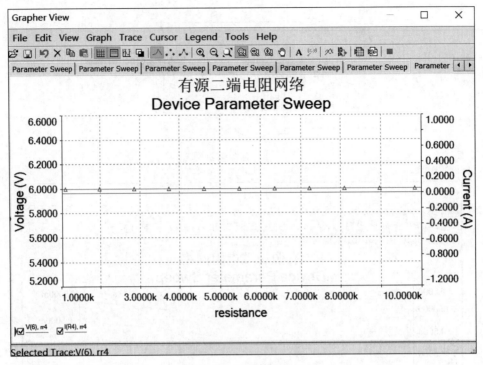

图 4-54　开路电压

② 测量等效电阻,电路如图 4-55 所示,将二端有源网络内部独立源置零,通过万用表测量得到端口的等效电阻。注意在测量实物电路的戴维南参数时,不能随意地将电压源短路,以免损伤器件。

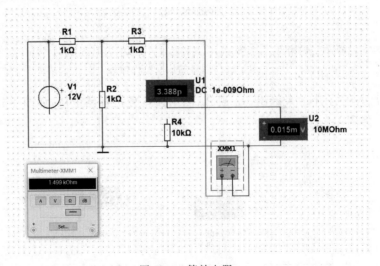

图 4-55　等效电阻

经过验证,对于二端口网络戴维南参数的测量,与理论计算值结果一致。

4.3.3 仿真实例3：RC高通滤波器频响特性

（1）新建原理图文件，并保存。在工作窗口中单击工具栏第二个按钮可以快速选择放置电阻（图4-56）。

图4-56 元件工具栏

选择电阻及其阻值，单击OK键即可。初始放置的电阻一般是水平方向的，若希望其按竖直方向放置，可右击选中放置后的电阻，从弹出菜单中选中顺时针或逆时针旋转90°。放置其他元件可以此类推，从仪表栏添加信号发生器（Function Generator），双击图标可以设置不同的波形以及峰-峰值、频率等输入信号的参数，并连接电路如图4-57所示。

（2）仿真：选择菜单"Simulation/Analyses and simulation…"，如图4-58所示。

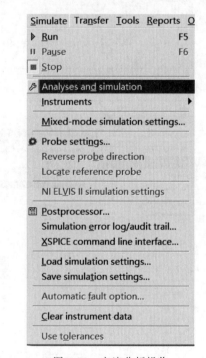

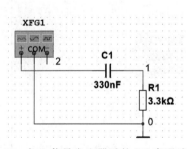

图4-57 加入信号发生器后的RC高通滤波器　图4-58 交流分析操作

弹出如图4-59（a）所示的界面，按图设置好参数，其中交流分析的频率范围为1Hz～10MHz，扫描类型Decade（十进制），每10倍频程计算点数（Numbers of points per decade）10个，垂直刻度（Vertical scale）采用对数坐标。选择本页页面最上面一行的页标签Output，切换至图4-59（b），选择要测试的电路位置v(1)，添加（Add）至已选待分析变量。

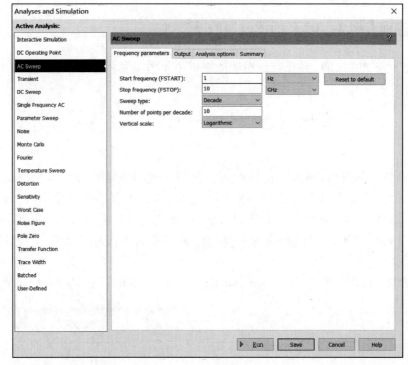

(a)

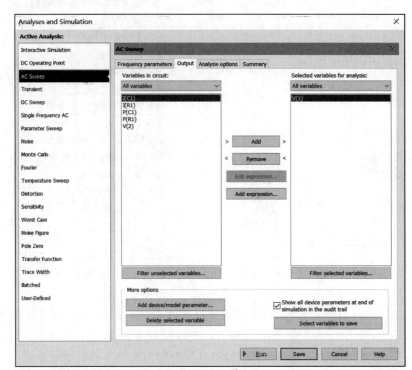

(b)

图 4-59 交流分析设置

最后单击"仿真"按钮,系统频率响应如图 4-60 所示。也可以通过波特图图示仪查看系统频率特性。

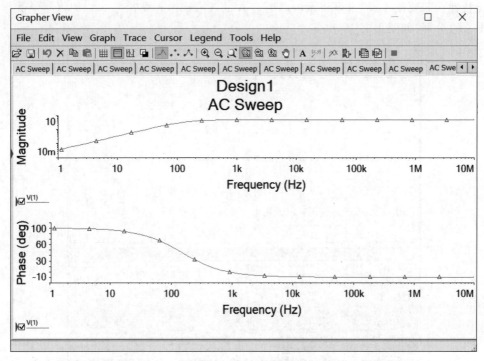

图 4-60　交流分析频响图

在本实验中用到了一个新的虚拟仪器:函数信号发生器。函数信号发生器是一个可以产生各种信号的仪器。它的信号是根据函数值来变化的,可以产生幅值、频率、占空比都可调的波形,可以是正弦波、三角波、方波等。这里利用函数发生器来产生电路的扫频输入信号。通常仿真前应设置好函数信号发生器的幅值、频率、占空比、偏移量以及波形形式。

4.3.4　仿真实例 4：电容的隔直流通交流特性的演示和验证

电容具有隔直流、通交流的特性,下面的例子可以用来演示和验证这个特性。

(1) 创建如图 4-61 所示电路,在这个电路中,我们将直流电源加到电阻的两端,通过示波器观察电路中的电压变化。

(2) 在实验中使用了双通道示波器 Oscilloscope:XSC2,它是用于观察电压信号波形的仪器,可同时观察两路波形,示波器图标中的三组信号分别为 A、B 输入通道和外触发信号通道,其中主要按钮的作用及参数的设置与实际的示波器相似。

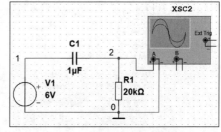

图 4-61　电容特性测试电路

（3）在这个电路中是没有电流通过的，所以用示波器显示电压为0。打开仿真，测量出来的电压(红线)波形与示波器的0点标尺重合，如图4-62所示，从而验证了电容的隔直流特性。若要便于观察，可将示波器通道A的Y position设置为1，以便将测量值与示波器0点分开，如图4-63所示。

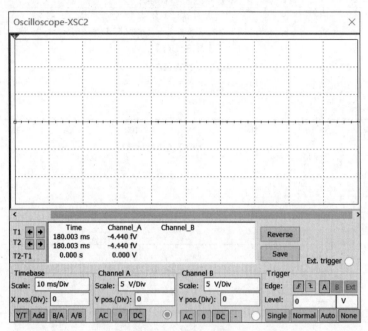

图 4-62 示波器参数设置

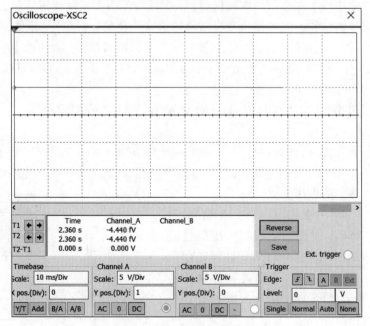

图 4-63 调整后示波器参数设置

（4）电容的通交流特性的演示，创建如图 4-64 所示的电路图，在本电路图中，将电源由直流电源换为交流电源，电源电压和频率分别为 6V、50Hz。同时，注意若在上面的实验中改变了示波器的 Y position 位置，在这里需要将 Y position 位置改为 0。

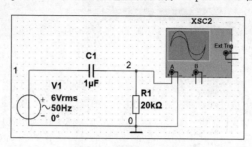

图 4-64　交流输入电路

（5）打开仿真，双击示波器，观察电路中的电压变化。如图 4-65 所示，从图中可以看出，电路中有了频率为 50Hz 的电压变化。从而验证了电容的通交流的特性。

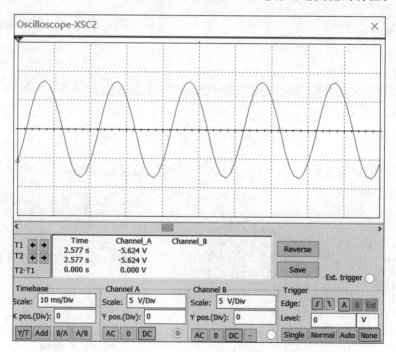

图 4-65　电容通交流波形

4.3.5　仿真实例 5：二极管单向导电特性的分析与验证

（1）放置二极管，如图 4-66 所示。

（2）建立电路图如图 4-67 所示，示波器的两个通道一路用来监测信号发生器波形，另一路用来监测信号经过二极管后的波形变化情况。

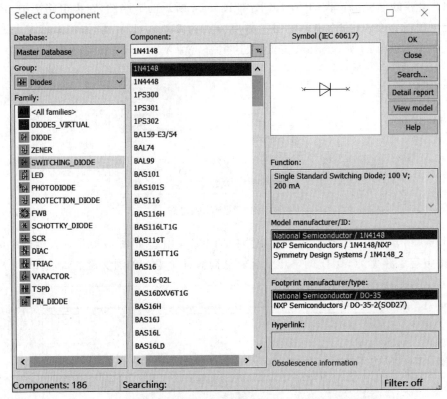

图 4-66　放置二极管

（3）设置信号发生器产生 $100\,\mathrm{Hz}$、$10\,\mathrm{V}$ 的正弦波，如图 4-68 所示。

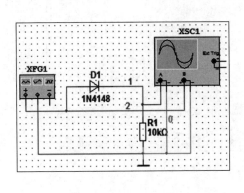

图 4-67　含二极管的电路图

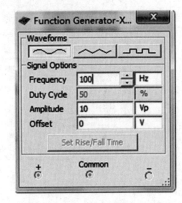

图 4-68　信号发生器参数设置

（4）打开仿真，双击示波器查看示波器两个通道的波形。如图 4-69 所示，可以看到，在信号经过二极管前，是完整的正弦波，经过二极管后，正弦波的负半周消失了。这样就证明了二极管的单向导电性。此处为便于观察，已设置示波器通道 A 的 Y position 为 1（向上偏移 1 格），以便将双路测量值区分开。可以试着把信号发生器的波形改为三角波、矩形波，然后再观察输出效果。可以得出同样的结论：二极管正向偏置时，电流通过，反向偏置时，电流截止。

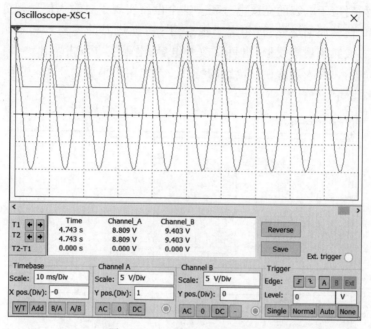

图 4-69　二极管电路信号波形

4.3.6　仿真实例 6：周期方波信号通过一阶电路特性的分析

（1）建立电路图如图 4-70 所示，示波器的两个通道一路用来监测信号发生器波形，另一路用来监测 C1 两端电压的信号波形，比较输入输出信号的变化，从而得知此电路的功能。

（2）设置信号发生器产生 20Hz、10V、占空比为 50％的方波，如图 4-71 所示。

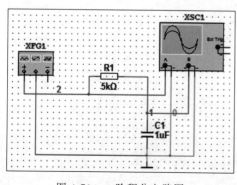

图 4-70　一阶积分电路图

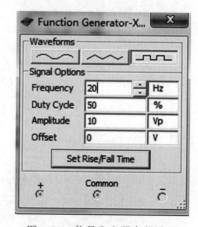

图 4-71　信号发生器参数设置

（3）打开仿真，双击示波器查看示波器两个通道的波形。如图 4-72 所示，可以看到，在信号经过一阶电路前，是完整的方波。经过一阶电路后，电容上的电压呈周期指数上升和下降过程，对应于电容的充放电过程。这个电路实现了对输入信号积分的功能。若改变方波频率，使其周期足够长，相当于观察到了一阶电路的零输入和零状态响应。此时，可以改变方波频率观察波形，也可以改变电容、电阻或方波占空比参数以观察波形，并进行理论分析，以深入理解一阶电路的特性。当电阻阻值变为 $1\text{k}\Omega$，其余参数不变时，波形如图 4-73 所示。

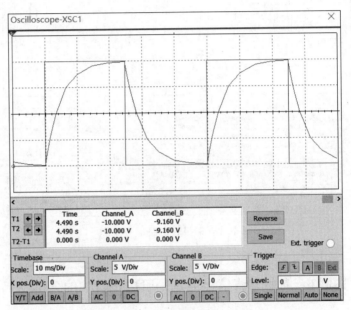

图 4-72　一阶积分电路信号波形

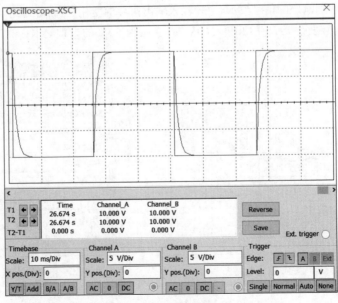

图 4-73　电阻变小对应的一阶积分电路信号波形

（4）交换元件 R 和 C 的位置，输入信号不变，建立电路图如图 4-74 所示。示波器的两个通道一路用来监测信号发生器波形，另一路用来监测 R1 两端电压的信号波形，比较输入输出信号的变化，从而得知此电路实现了对输入信号微分的功能，如图 4-75 所示。

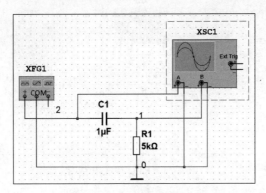

图 4-74　一阶微分电路图

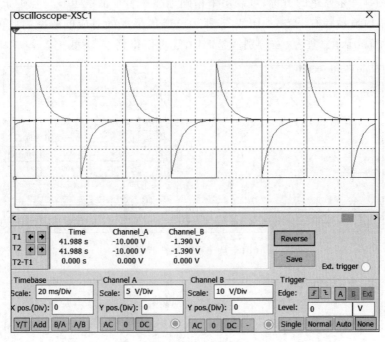

图 4-75　一阶微分电路信号波形

4.3.7　仿真实例7：RLC 串联电路频率特性

（1）建立电路图如图 4-76 所示，示波器的两个通道一路用来监测信号发生器波形，另一路用来监测电阻 R1 两端电压的信号波形，比较输入输出信号的变化，从而测量此 RLC 串联电路的频率特性。在此电路中为了更直观地观察电路的频率特性，加入波特图仪(Bode Plotter),它可以用来测量电路的幅频特性和相频特性。注意在使用它时,电路的输入端必须接交流信号源。

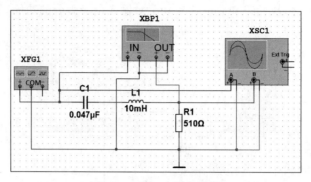

图 4-76　RLC 串联电路图

（2）运行后,双击波特图仪,单击 Magnitude 按钮,显示电路幅频特性如图 4-77 所示,图中左侧有一条蓝色的游标,可以用来精确地显示特征曲线上任一点的值,频率显示在左下方,幅值显示在右下方,如图 4-78 所示。幅值最大处对应的频率为此电路的谐振频率,如图 4-79 所示。往左、右分别调整 3dB,还可以得到上、下截止频率。

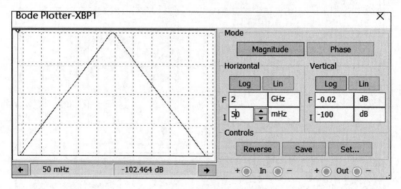

图 4-77　幅频特性曲线

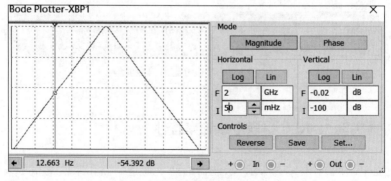

图 4-78　用游标测量频率和相位

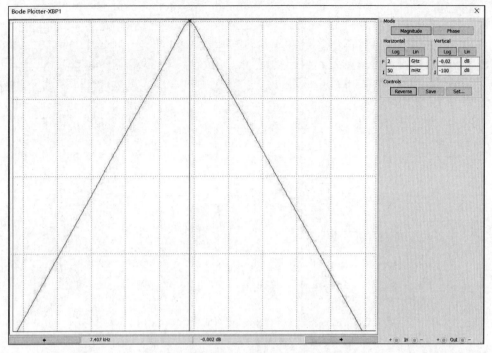

图 4-79　谐振频率

（3）单击 Phase 按钮，显示电路相频特性如图 4-80 所示，图中左侧有一条蓝色的游标，可以用来精确地显示特征曲线上任一点的值，频率显示在左下方，相位显示在右下方，波形变化时对应的频率为此电路的谐振频率，如图 4-81 所示，谐振频率和幅频特性测量结果一致。

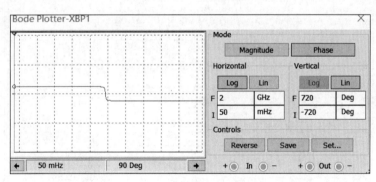

图 4-80　相频特性曲线

（4）当输入为 1kHz、峰-峰值为 10V 的正弦信号时，对应电阻两端电压输出波形如图 4-82 所示。

（5）另外，也可以通过交流参数扫描得到此电路的幅频特性曲线和相频特性曲线，如图 4-83 所示。

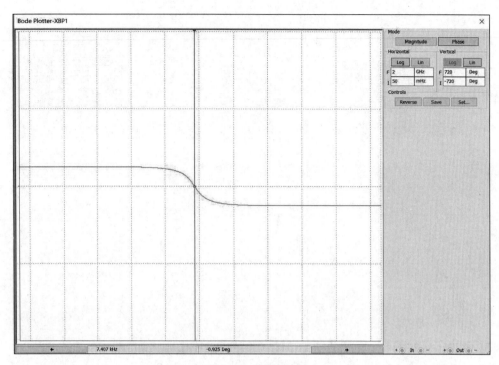

图 4-81 谐振频率

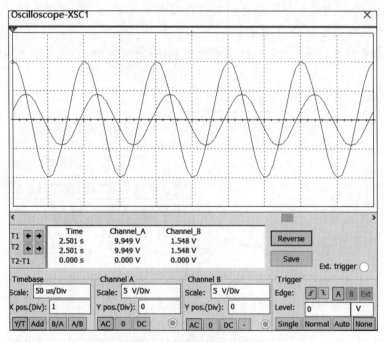

图 4-82 输入输出波形

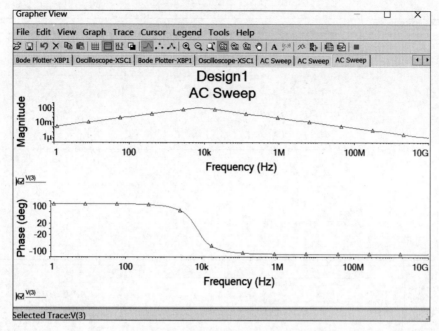

图 4-83　频率特性曲线

（6）通过前面的测量，我们发现此 RLC 串联电路的谐振频率约为 7.407kHz，现在调整输入信号的频率为 7.407kHz，观察电阻两端的电压波形与电路输入信号同频同相，此时电路发生谐振，如图 4-84 所示。若输入信号频率发生改变，电路失谐，如图 4-85 所示。

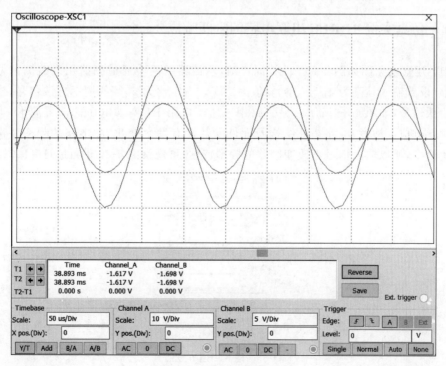

图 4-84　谐振时电路波形

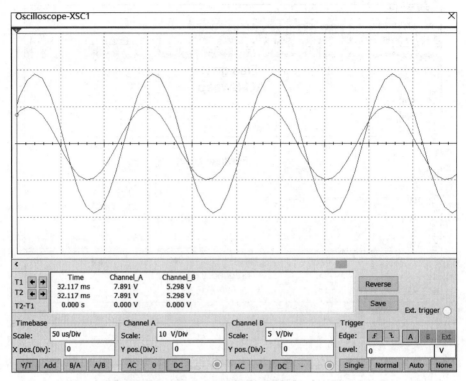

图 4-85　未谐振时电路波形

4.3.8　仿真实例8：RLC串联电路的阶跃响应

（1）建立电路图如图 4-76 所示，同样地，示波器的两个通道一路用来监测信号发生器波形，设置输入频率为 1kHz、峰-峰值为 10V。占空比为 50% 的周期方波信号，模拟输入的阶跃信号，如图 4-86 所示。另一路用来监测电阻 R1 两端电压的信号波形，得到电路的阶跃响应。注意，电路拓扑结构及元件参数没有发生变化，此电路的频率特性就不会发生改变，所以输入信号不改变电路的频率特性，可观察图 4-87 进行验证。

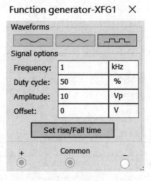

图 4-86　输入周期方波信号

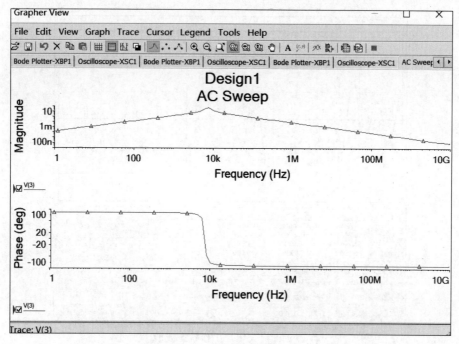

图 4-87　电路频率特性

（2）当 R1＝1kΩ 时，电路波形如图 4-88 所示。观察波形，此时电路工作在过阻尼工作状态。

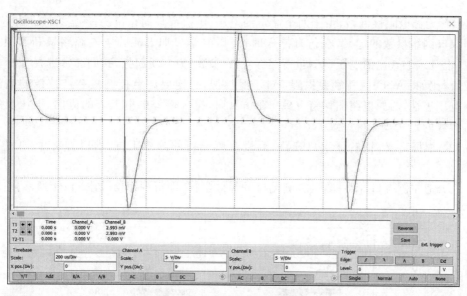

图 4-88　过阻尼工作状态波形

（3）当 R1＝51Ω 时，电路波形如图 4-89 所示。观察波形，此时电路工作在欠阻尼工作状态。

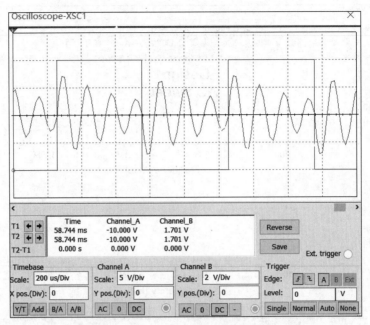

图 4-89　欠阻尼工作状态波形

4.3.9　仿真实例9：双口网络的开路阻抗参数

(1) 无源电阻性网络,由于两个端口的电压、电流都是同相位的,不需要考虑相位差,根据双口网络参数的定义,在仿真操作时,可以在端口加直流的电流源测量开路阻抗 Z 参数,也可以加直流的电压源测量短路导纳 Y 参数,为方便起见,我们通常选择计算方便的数值,比如 1A、1V。特别要提醒：对于受控源,一定要注意控制量和受控源的电流流向和电压极性,与原电路图保持一致；在仿真时,接入端口的电流表的流向、电压表的极性与参数的定义式保持一致。

(2) 根据定义,把右侧端口开路,测量左侧端口的等效阻抗,即得到 Z11,如图 4-90 所示。

(3) 把左侧端口开路,测量右侧端口的等效阻抗,即得到 Z22,如图 4-91 所示。

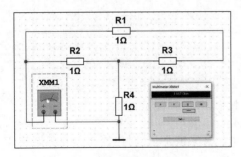

图 4-90　Z11 电路

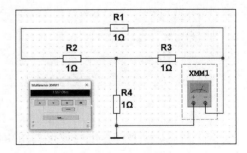

图 4-91　Z22 电路

（4）在右侧端口接入值为 1A 的直流电流源,将左侧端口开路,测得电压 U1,U1 的大小即为 Z12,如图 4-92 所示。

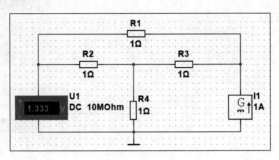

图 4-92 Z12 电路

（5）在左侧端口接入值为 1A 的直流电流源,将右侧端口开路,测得电压 U1,此时 U1 的大小即为 Z21,如图 4-93 所示。

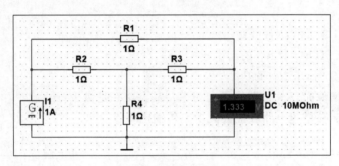

图 4-93 Z21 电路

（6）对于其他的双口网络参数,也可以参照同样的方法,按照不同参数的定义,搭建相应的电路进行测量、求解。

思考题

1. 模拟电路仿真软件的核心是什么？请上网查阅相关资料,找出几种目前流行的电路仿真软件,并比较其各自的特点。

2. 手工计算分析、电路仿真与实物实验各有什么特点？有什么联系？

3. 如何设置原理图背景颜色、导线颜色、元件颜色及文本颜色？

4. 如何层叠显示多个电路？

5. 如何根据元器件的细节报告选取适合的元器件？

6. 搭建图题 4-1 所示电路,求 R2 支路电压,并验证叠加定理。

7. $R_1 = 1k\Omega, R_2 = 2k\Omega, R_3 = 1k\Omega, R_4 = 2k\Omega, U_s = 10V, I_s = 2mA$,试求图题 4-2 所示电路中的电流 I,并搭建电路验证叠加定理。

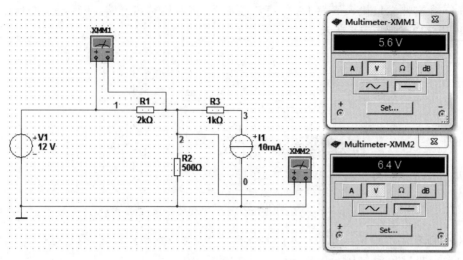

图题 4-1

8. 如图题 4-3 所示，R_L 可变，

（1）$R_L = 0.5\Omega$ 时，求 R_L 的功率；

（2）$R_L = 2\Omega$ 时，求 R_L 的功率；

（3）R_L 为何值时，R_L 可获得最大功率？最大功率是多少？

试用 Multisim 搭建电路验证最大功率传输定理。

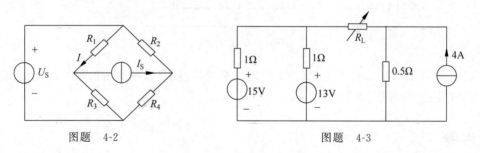

图题 4-2   图题 4-3

9. RLC 串联电路如图题 4-4 所示，若以电阻两端电压为输出，试用 Multisim 仿真分析其频率特性。

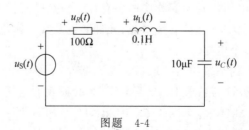

图题 4-4

10. 请用仿真分析图题 4-5 所示双口网络的 Z 参数。

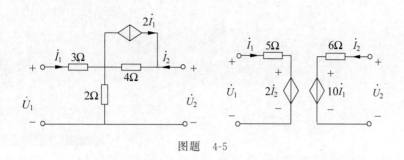

图题 4-5

第 5 章

电路板的焊接、组装和测试

许多人第一次看到电器内部的电路板模块时,可能对电路板上镶嵌的各色元器件充满了好奇,想尝试亲手制作一块电路板模块。电路板是电子部件、电子元器件电气连接的支撑体和载体,主要功能是使各种电子零部件形成预定的电路连接。

PCB 的制作涉及电路分析、电路设计、制图等内容,是一项相对复杂的工作,通常需要专门的课时进行深入地学习。作为电路课程学习的入门,本章实验仅涉及一个双通道音频功放电路的焊接练习。希望通过在一块万能板(特制的 PCB)上焊接一个双通道音频功放电路模块,初步了解元器件的识别,体验电路板焊接、组装和测试的过程,增加对电路的感性认识。

一、实验目的

1. 电路元器件识别;
2. 电路板的焊接练习;
3. 直流稳压电源、万用表的使用。

二、实验设备

1. 电烙铁、剪刀(或斜口钳)、螺丝刀、镊子、焊锡丝、松香;
2. 双通道音频功放电路套件、导线;
3. 数字万用表;
4. 直流稳压电源;
5. 信号发生器;
6. 示波器。

三、实验原理

本实验所采用的双音频功放电路模块以 TDA2822 为核心,由扬声器、插头和几个电阻、电容等元器件组成,该功放电路模块在很多场合都有应用。增加电池供电或采用 USB 供电后,可以用作手机的外部放大器,也可用作计算机多媒体音响系统,或者用作小型床头听音系统。实验的电路原理图如图 5-1 所示。

对照图 5-1,从左到右,立体声双音频信号(由手机或计算机耳机插孔输出)通过插头 P1 输入功放电路模块,双声道信号分两路 VL、VR 经电位器 R1、R2 加至集成电路 TDA2822 的第 6 脚、第 7 脚,信号经 TDA2822 放大后由第 3 脚、第 1 脚输出至电解电容 C4、C5,经 C4、C5 后加至两个扬声器。电位器 R1 和 R2 用于调节输入信号的幅度,从而改变输出音量的大小。C1、C2、C3 是 TDA2822 要求的外围配置,用于电源或信号滤波。C4、C5 起到隔直流通交流的作用;R3 和 C6、R4 和 C7 用于扬声器输入端的信号滤波,滤除杂散干扰。电阻 R5 与 LED 发光二极管 D1 组成电源指示电路,用于指示电路模块是否加电。

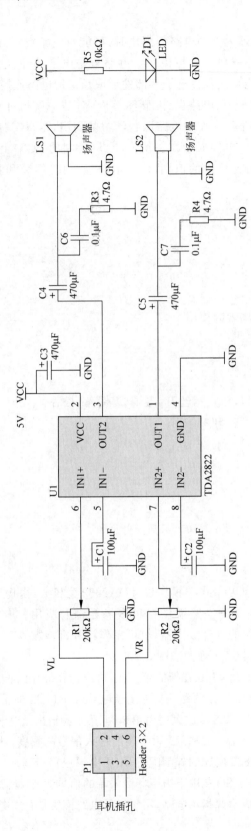

图 5-1 功放电路原理图

四、实验内容

1. 元器件认知

实验采用的套件如图 5-2 所示，对照图示，清点、辨认套件中的元器件，检查是否有误或缺漏，如果有，应立即向实验老师报告。

图 5-2　电路板套件实物图

各元器件说明如下：

（1）PCB 电路板。一般称作万能板或洞洞板，本实验采用的是大小为 70mm×90mm×1.5mm 的单面板，孔径 1.0mm，孔间距 2.54mm，材质为玻璃纤维。

（2）TDA2822。意法半导体（ST）开发的双通道单片功率放大集成电路，通常在袖珍式盒式放音机、收录机和多媒体有源音箱中作音频放大器。具有电路简单、音质好、电压范围宽等特点，可工作于立体声以及桥式放大（BTL）的电路形式下。本实验使用的器件采用 DIP8 封装，如图 5-3 所示，其内部原理示意图和外部引脚排列如图 5-4 所示。

图 5-3　TDA2822 外形图

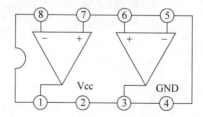

图 5-4　TDA2822 内部原理示意图

注意：从集成电路外形（图 5-3）看，集成电路上有个小缺口或小圆坑，缺口或圆坑下方紧邻的引脚定义为第 1 脚，逆时针方向引脚序号递增。各引脚定义如表 5-1 所示。TDA2822 为单电源供电，电源电压为 1.8～15V。详细的 TDA2822 的各项指标请参考其说明文档。

表 5-1　TDA2822 引脚功能配置

引出端序号	符　　号	功　　能	引出端序号	符　　号	功　　能
1	OUT1	输出端1	5	IN2(—)	反相输入端2
2	VCC	电源	6	IN2(+)	同相输入端2
3	OUT2	输出端2	7	IN1(+)	同相输入端1
4	GND	地	8	IN1(—)	反相输入端1

(3) 集成电路插座。实验时集成电路一般不直接焊在 PCB 板上,而是将集成电路插座焊在电路板上,集成电路插在插座上。此方式有两种作用,一是避免在焊接时温度过高损坏集成电路,二是方便在实验过程中更换集成电路。

(4) 双声道耳机插头。将其插于手机或计算机耳机插孔,通过插头内的导线可将信号从手机或计算机连接至电路板模块。注意插头上标注的 L、R、GND 分别对应左、右通道和信号接地端。

(5) 电位器。电位器是微型化的滑动变阻器,有 3 个脚,标注 203 表示电位器有 2 个脚之间的电阻为固定值 20kΩ,另外的第 3 脚为滑动脚,用螺丝刀转动电位器上的白色旋钮,可改变第 3 脚与其他两脚之间的阻值。

(6) 独石电容。独石电容上的 104,表示电容的容值为 $10 \times 10^4 \, \text{pF} = 0.1 \mu\text{F}$,如图 5-5。若独石电容上的标注是 103,表示电容的容值为 $10 \times 10^3 \, \text{pF} = 0.01 \mu\text{F}$。

(7) 电解电容。注意电解电容的两个引脚有正负极之分,管壳灰色"▭"号下对应引脚为负极,该引脚金属引线较短,连接电路中直流电位相对低的一端。另一端引线较长的为正极,连接电路中直流电位相对高的一端,如图 5-6 所示。标注 $470 \mu\text{F} 50\text{V}$,表示电容容值为 $470 \mu\text{F}$,耐压为 50V。注意电解电容在电路中的符号。

图 5-5　独石电容　　　　　　图 5-6　电解电容

(8) 扬声器。注意扬声器外接引线时不要与内部引线共用焊盘,应使用旁边单独的焊盘。

(9) 发光二极管,用作指示灯。可用万用表二极管挡测试其阴极和阳极,一般引脚引线长的一端为阳极,接高电位一端,引脚引线短的一端为阴极,接低电位一端(本实验中接地)。

(10) 电阻。注意电阻阻值的色环标注,首先通过外观读取阻值,然后用万用表测量,并验证读取阻值是否正确。测量时不要用双手同时接触电阻两端,以免影响阻值测量精度。

2. 原理图与实物对应

将套件中的元器件实物与原理图 5-1 进行对比,将实际的元器件与原理图中的电路元件一一对应起来。

3. 电路组装与焊接

电子元器件的组装与焊接是制作电子产品必不可少的程序,也是电子工程师的基本技能。焊接之前要先在电路板上进行元器件摆放和布局,应使器件摆放尽量紧凑、美观,使焊接连线尽量短,同时便于检测和调试。具体焊接可按如下步骤进行。

(1) 用砂纸清除 PCB 板焊盘上的氧化层,用砂纸或小刀清除元器件引脚上的氧化层。

(2) 为待焊的 PCB 焊盘、元器件引脚镀锡。

(3) 将集成电路底座安装到 PCB 板的元件面上(图 5-7),然后在焊接面焊接底座。注意:焊接时避免长时间用烙铁接触焊盘以防焊盘脱落。先焊接底座两个对角线脚(1、5 或 4、8),使底座平整紧贴 PCB,然后焊接其余引脚。

(4) 围绕集成电路底座布局、插装并焊接电解电容 C1、C2、C3、C4、C5,为方便导线连接,C1(100μF)的正极端应靠近集成电路的第 5 脚,C2(100μF)的正极端应靠近集成电路的第 8 脚,C3(470μF)的正极端应靠近集成电路的第 2 脚,C4(470μF)的正极端应靠近集成电路的第 3 脚,C5(470μF)的正极端应靠近集成电路的第 1 脚。

(5) 布局、插装并焊接其他元器件(如图 5-8 或自行确定布局)。焊接时注意焊点饱满,不要虚焊,长出的引脚用斜口钳或剪刀剪掉。

图 5-7 PCB 元件面与 DIP8 底座　　　　图 5-8 元器件布局样例

(6) 按原理图用导线连接布局好的各个元器件引脚(见图 5-9)。注意:原理图上所有的 GND 都连接在一起后向外引出至直流稳压电源的负极,原理图上所有的 VCC 都连接在一起后向外引出至直流稳压电源的+5V。实际连接的导线无须完全与原理图中的导线一样横平竖直,美观简洁即可。

4. 测试

焊接好电路后,对照原理图检查各元器件连接是否正确。若连接无误,则可按如下

(a)   (b)

图 5-9　元器件连接图以及与手机的连接图

步骤进行测试。

（1）设置信号发生器产生频率为 100Hz、幅度为 1V 的正弦波。具体设置方式参见信号发生器使用方法。

（2）用示波器观察信号发生器的输出信号。

注意：信号发生器的输出信号用鳄鱼夹信号线，示波器输入信号用示波器探头（钩子线），两种信号线实物图见图 5-10。示波器使用方法参见示波器介绍。

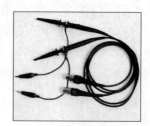

(a) 鳄鱼夹信号线   (b) 示波器探头

图 5-10　信号线

（3）按图 5-11 连接，加电测试。

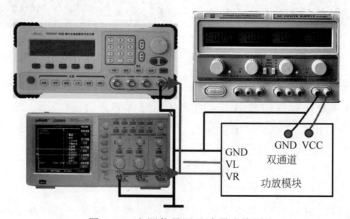

图 5-11　电源信号源示波器连接图

将信号发生器输出加至 VR 和 GND,或加至 VL 和 GND,同时用示波器观察正弦信号。若连接无误则会在扬声器中听到单频音。若不能听到请仔细检查电路连接。若声音小,可调节相应电位器增大声音。改变频率,可以体验变调的正弦单频音。

用手机代替信号发生器,按图 5-12 连接,用手机播放一段音乐,能在扬声器上听到声音。

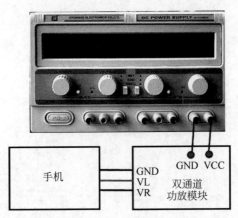

图 5-12　电源手机连接图

注意:不要让电源 VCC 和地 GND 短路,电源正负极不得接错。

五、实验报告要求

对实验情况进行总结,写出本次焊接实验的心得体会(收获、问题和建议)。

六、思考题

1. 集成电路焊接有什么技巧?
2. 如何避免虚焊?

第6章

验证性实验

本章结合电路基础理论课的内容,介绍了 6 个验证性实验。验证性实验有助于学生加强对相关理论知识的理解,同时也为后续综合实践奠定一定的基础。实践让学生从理论模型走出来,认识实际元器件,掌握电路连接和焊接的基本方法,掌握基本仪器的使用,掌握简单电路的调试和测试技能。

6.1 基尔霍夫定律和叠加定理的验证

一、实验目的

1. 基尔霍夫电流定律和电压定律的验证;
2. 叠加定理的验证。

二、实验设备

1. 直流稳压电源;
2. 数字万用表;
3. 电路实验箱。

三、实验原理

基尔霍夫定律是集中参数电路中电压和电流所遵循的基本规律,是分析和计算较为复杂电路的基础。基尔霍夫定律包括基尔霍夫电流定律(KCL)和基尔霍夫电压定律(KVL),用于直流电路、交流电路、非线性电路的分析。

KCL:在电路中,任意时刻流入节点电流的代数和等于零,即 $\Sigma I = 0$。KCL 规定了节点上支路电流的约束关系而与支路上元件的性质无关。

KVL:在电路中,任意时刻沿任意闭合回路的电压降的代数和等于零。即 $\Sigma U = 0$。

叠加定理:在多个独立电源共同作用的线性网络中,任一支路的两端电压和支路电流可以看成每一个独立源单独作用时在该支路元件上所产生的电压和电流的代数和。

四、实验内容

1. KCL 的验证

连接电路如图 6-1 所示。U_1 和 U_2 分别由稳压电源提供,调节电源输出使 $U_1 = 15\text{V}$,$U_2 = 10\text{V}$,计算并测量支路电流 I_1、I_2 和 I_3,记入表 6-1 中。

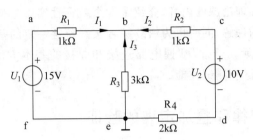

图 6-1　KCL 测试电路

表 6-1　KCL 的验证测试

	I_1/mA	I_2/mA	I_3/mA	ΣI
计算值				
测量值				
误差/%				

2. KVL 的验证

实验电路与图 6-1 相同,用电压表依次测出回路 abefa 和 bcdeb 的各支路电压,并将测量结果记入表 6-2 中。

表 6-2　KVL 的验证

	U_{ab}	U_{bc}	U_{cd}	U_{de}	U_{ef}	U_{be}	ΣU_{abefa}	ΣU_{bcdeb}
计算值								
测量值								
误差/%								

3. 叠加定理验证

实验电路如图 6-1 所示,元件参数不变,调节稳压电源使 U_1 为 15V,U_2 为 10V。在 U_1 单独作用、U_2 单独作用及 U_1、U_2 同时作用三种情况下,分别用万用表测量 U_{ab}、U_{bc}、U_{be},以验证叠加定理的正确性,并将数据记入表 6-3 中。

表 6-3　叠加定理验证数据与计算表

	U_{ab}/V			U_{bc}/V			U_{be}/V		
	测量值	计算值	误差/%	测量值	计算值	误差/%	测量值	计算值	误差/%
U_1、U_2 共同作用									
U_1 单独作用									
U_2 单独作用									

五、注意事项

1. 用万用表测量电压和电流时应注意极性,当数字表显示为"＋"值时,表示与假设方向一致,当显示为"－"时,表示与假设方向相反。
2. 注意万用表挡位及量程。
3. 实验过程中严禁稳压电源短路。

六、实验报告要求

1. 根据测量数据验证基尔霍夫定律和叠加定理。
2. 计算值和测量值存在一定的误差,试分析产生误差的原因。

6.2 有源电路的等效

一、实验目的

1. 掌握电路伏安特性的测量方法;
2. 掌握戴维南等效电路的实验测量方法;
3. 验证戴维南定理和最大功率传输定理。

二、实验设备

1. 直流稳压电源;
2. 数字万用表;
3. 电路实验箱。

三、实验原理

1. 电压源的外特性

实际电压源的外特性,可以看成一个由理想电压源 u_s 及其内阻 R_s 相串联的支路。当电压源中有电流流过时,必然会在内阻上产生电压降,因此实际电压源的端电压 u 可表示为

$$u = u_s - iR_s$$

显然,实际电压源的内阻 R_s 越小,其特性越接近理想电压源。本次实验所采用的直流稳压电源,当通过它的电流在规定范围内变化时,可以认为是理想电压源。图 6-2 和图 6-3 分别为理想电压源和实际电压源的伏安特性曲线。

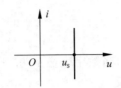

图 6-2　理想电压源伏安特性

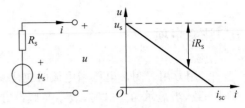

图 6-3　实际电压源伏安特性

2. 戴维南定理

任何一个线性含源二端口电路,对外电路而言,可以用一个电压源和电阻的串联组合来等效。该电压源的电压等于端口处的开路电压,电阻等于端口内全部独立源置零后从端口看进去的等效电阻,如图 6-4 所示。

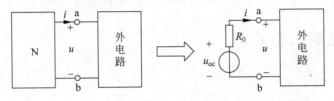

图 6-4　戴维南定理

3. 最大功率传输定理

如图 6-5 所示电路,R_L 为负载电阻,R_0 为电源内阻,若 R_L 可变,则当 $R_L = R_0$ 时,负载 R_L 可从电源中获得最大功率,且最大功率值为

$$p_{\max} = \frac{u_{oc}^2}{4R_0}$$

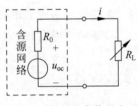

图 6-5　最大功率传递定理

四、实验内容

1. 测量理想电压源的伏安特性

图 6-6 中的电源 U_s 使用直流稳压电源输出端,并将输出电压调到 $+12\text{V}$,R_1 取 100Ω 的固定电阻,R_2 取 $1\text{k}\Omega$ 的电位器。调节电位器 R_2,令其阻值由大至小变化,将电流表、电压表的读数记入表 6-4 中。

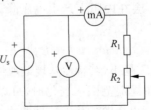

图 6-6　电压源外特性测量

表 6-4 电压源外特性数据

I/mA	12	18	22	25	30	40	50
U/V							

2. 测量实际电压源的伏安特性

如图 6-7 所示，图中 U_s 为 12V，内阻 $R_0=51\Omega$，$R_1=100\Omega$，调节电位器 R_2，令其阻值由大至小变化，将电流表、电压表的读数记入表 6-5 中。

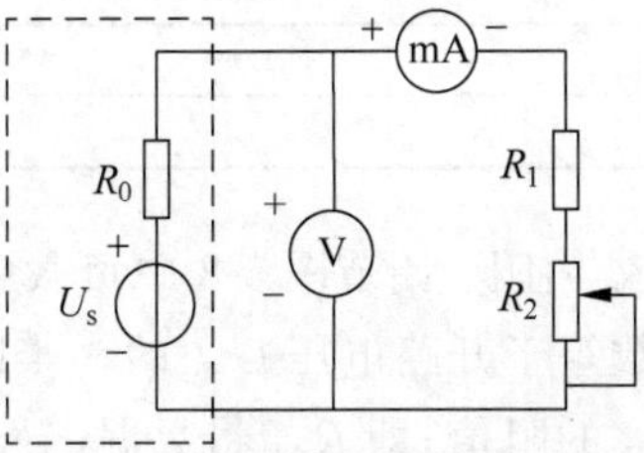

图 6-7 实际电压源外特性测量

表 6-5 实际电压源外特性数据

I/mA	12	18	22	25	30	40	50
U/V							

3. 测量有源二端网络的伏安特性

按图 6-8 所示连接电路，U_s 为 12V，测试不同负载下的 I_2 和 U_2 的值，并将结果填入表 6-6 中。负载功率 P 为计算值，未确定的 R_W 阻值由读者自行确定注意数据选择的合理性。根据表 6-6 内容，绘制该二端网络的伏安特性曲线。

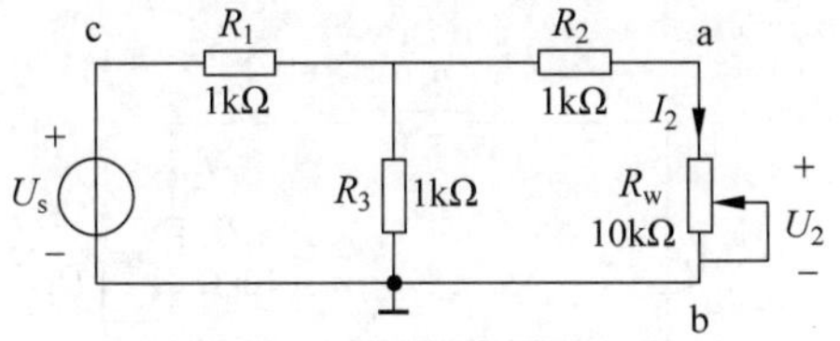

图 6-8 二端网络伏安特性测量

表 6-6 二端网络伏安特性测量数据

R_W/kΩ	0.1	1.3	1.5	1.7	?	?	?	?	?	10.0
U_2/V										
I_2/mA										
P/mW										

由图 6-3 可知，伏安特性曲线与纵轴的交点为开路电压与横轴的交点为短路电流。试根据以上伏安特性曲线求该二端网络的戴维南等效电路。

4. 有源二端电阻网络戴维南等效电阻 R_0 的测量

有源二端网络戴维南等效电路的参数测量包括开路短路法、半电压法和直接测量法。测量方法如下。

(1) 开路电压、短路电流测量法：先断开图 6-8 中的负载电阻 R_W，测量 a、b 两端的开路电压 U_{oc}；再短接 a、b 两端，测量短路电流 I_{sc}，则二端网络的等效电阻 $R_0 = U_{oc}/I_{sc}$。将测量数据 U_{oc}、I_{sc} 记入表 6-7 中，并计算 R_0。

表 6-7 等效电路参数测量

U_{oc}/V	I_{sc}	$R_0/k\Omega$

(2) 半电压测量法测定等效内阻：调节图 6-8 中负载电阻 R_W 的阻值，同时用电压表监视负载电压，当电压表的读数等于开路电压 U_{oc} 的一半时，关闭电源，将 R_W 从电路中断开，用万用表欧姆挡测量 R_W 的阻值，即 R_0，将数据记入表 6-8 中。

表 6-8 等效电阻的测量

	半电压法	直接测量法
$R_0/k\Omega$		

(3) 直接测量法测定等效内阻：先断开负载电阻 R_W，将被测二端网络中的电源去掉(关掉电源，c、b 两点短路)，测 a、b 两点间的电阻，即 R_0，将数据记入表 6-8 中。

5. 戴维南定理的验证

利用已测得的 U_{oc} 和 R_0 组成戴维南等效电路对 R_W 供电，如图 6-9 所示。重测该电路的伏安特性，填入表 6-9 中，并绘制伏安特性曲线，比较与实验内容 3 的曲线有什么不同，并分析原因。

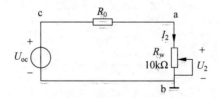

图 6-9 戴维南等效电路

表 6-9 戴维南等效电路伏安特性测量数据

$R_W/k\Omega$	0.1	1.3	1.5	1.7	?	?	?	?	?	10.0
U_2/V										
I_2/mA										
P/mW										
$\eta/(\%)$										

6. 最大功率传输定理的验证

根据表 6-9 的数据绘制负载功率随 R_W 变化的曲线,分析负载功率最大时 R_W 的值,与理论值进行比较,验证负载获得最大功率的条件。

在负载获得最大功率的条件下,计算和比较电路等效前后负载的效率。

五、实验报告要求

1. 复习相关电路原理,测试前对实验电路进行理论计算,然后用 Multisim 电路进行仿真分析。

2. 在同一直角坐标系内描绘各次测试的伏安特性曲线。

3. 在直角坐标纸上画出功率 P 随负载 R_W 变化曲线图。

4. 分析验证戴维南定理和最大功率传输原理。

六、思考题

1. 电压源的输出端为什么不允许短路? 电流源的输出端为什么不允许开路?

2. 说明电压源和电流源的特性,其输出是否在任何负载下均能保持恒值?

3. 实际电压源的外特性为什么呈下降变化趋势? 下降的快慢受哪个参数影响?

4. 如何由有源二端网络的伏安特性曲线获得其戴维南等效电路?

5. 如何测量有源二端网络的开路电压和短路电流? 在什么情况下不能直接测量开路电压和短路电流?

6. 什么是阻抗匹配? 电路传输最大功率的条件是什么?

7. 最大功率条件下,电路的效率是 50% 吗?

6.3 一阶电路的时域响应

一、实验目的

1. 掌握信号源和示波器的使用;

2. 理解 RC 电路在方波激励下,响应的基本规律和特点;

3. 了解时间常数 I 的实验测量方法。

二、实验设备

1. 信号发生器;

2. 数字示波器;

3. 电路实验箱。

三、实验原理

1. 一阶电路的响应

对于图 6-10 所示的一阶电路,电压源为直流电源 U_S。当开关 S 在位置 2 时,电路已稳定,$u_C = 0$。当 $t = 0$ 时,开关由位置 2 转到位置 1,直流电源经 R 向 C 充电,此时的响应为零状态响应。其电容器上的电压和电流为

$$u_C(t) = U_S(1 - e^{-t/\tau}) \quad (t \geqslant 0)$$

$$i_C(t) = U_S/R(1 - e^{-t/\tau}) \quad (t \geqslant 0)$$

式中,$\tau = RC$ 是时间常数,它是反映电路过渡过程快慢的物理量。

当开关 S 置于 1 且电路到达稳态时,$u_C = U_S$。当 $t = 0$ 时,开关 S 由位置 1 转到位置 2,电容经 R 放电,此时的响应为零输入响应,电容上的电压和电流为

$$u_C(t) = U_S e^{-t/\tau} \quad (t \geqslant 0)$$

$$i_C(t) = -U_S e^{-t/\tau}/R \quad (t \geqslant 0)$$

电路在输入激励和初始状态共同作用下的响应为全响应。

2. 周期性方波激励下 RC 电路的响应

利用周期性方波电压作为 RC 电路的激励源来观察 RC 电路的响应。当电路的时间常数远小于方波周期时,其方波响应可视为零状态响应和零输入响应的多次过程,如图 6-11 所示。

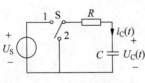

图 6-10 一阶电路的响应

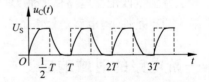

图 6-11 方波激励下 $u_C(t)$ 的波形

3. 时间常数 τ

RC 电路充放电的时间常数 τ 可以从响应波形中估算出来。对于放电曲线,幅值下降到初始值的 36.8% 所对应的时间即为一个 τ,如图 6-12 所示。

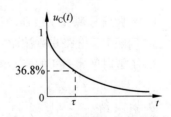

图 6-12 时间常数 τ 的物理意义

4. 微积分电路

微分电路和积分电路是 RC 一阶电路中较典型的电路,它对电路元件参数和输入信

号的周期有着特定的要求。

　　一个简单的 RC 串联电路,在方波序列脉冲的重复激励下,当满足 $\tau=RC\ll T$ 时(方波脉冲的重复周期为 T),且由 R 两端的电压作为响应输出,则该电路就是一个微分电路,因为此时电路的输出信号电压与输入信号电压的微分成正比,如图 6-13 所示。利用微分电路可以将方波转变成冲激脉冲,如图 6-14 所示。

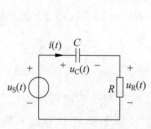

图 6-13　RC 微分电路

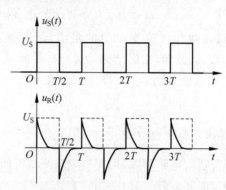

图 6-14　RC 微分电路波形

　　若将图 6-13 中的 R 与 C 位置调换一下,如图 6-15 所示,由 C 两端的电压作为响应输出,且当电路的参数满足 $\tau=RC\gg T$,则该 RC 电路称为积分电路。因为此时电路的输出信号电压与输入信号电压的积分成正比。利用积分电路可以将方波转变成三角波,如图 6-16 所示。

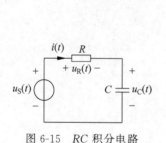

图 6-15　RC 积分电路

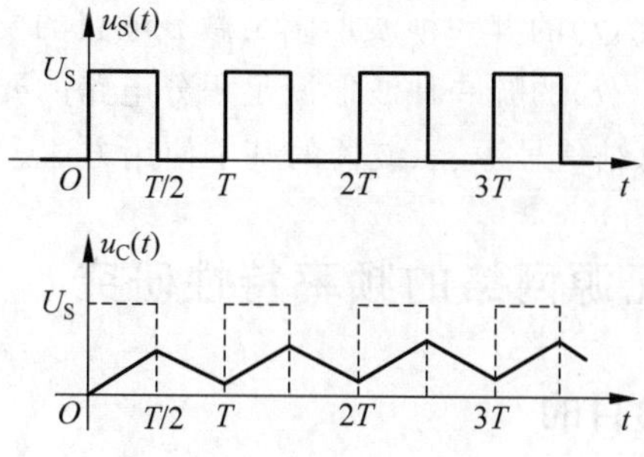

图 6-16　RC 积分电路波形

四、实验内容

1. RC 微分电路

　　按图 6-13 接线,$u_S(t)$ 为方波信号电压,幅值为 5V,频率为 10kHz($T=0.1\text{ms}$),$u_R(t)$ 为输出电压。注意,为了得到如图 6-14 所示的方波信号,需要对信号源设置直流偏置电压。改变电阻的阻值,用示波器观察 $u_R(t)$ 波形如何变化,并描绘出 $u_S(t)$、$u_R(t)$

的波形,给出结论并进行必要的说明。

R、C 的取值分别为:(1)$R=1\text{k}\Omega$,$C=2200\text{pF}$;(2)$R=6.2\text{k}\Omega$,$C=2200\text{pF}$;(3)$R=100\text{k}\Omega$,$C=2200\text{pF}$。

2. RC 积分电路

按图 6-15 接线,$u_S(t)$ 仍为方波信号电压,幅值为 5V,频率为 $10\text{kHz}(T=0.1\text{ms})$,$u_R(t)$ 为输出电压。改变电阻的阻值,用示波器观察 $u_R(t)$ 波形如何变化,并描绘出 $u_S(t)$、$u_R(t)$ 的波形,给出结论并进行必要的说明。

R、C 的取值分别为:(1)$R=1\text{k}\Omega$,$C=2200\text{pF}$;(2)$R=6.2\text{k}\Omega$,$C=2200\text{pF}$;(3)$R=100\text{k}\Omega$,$C=2200\text{pF}$。

3. 时间常数 τ 的测量

选择合适的电路参数,用实验方法测量时间常数 τ,并与理论值进行比较。

在测量时间常数 τ 时,必须注意方波响应是否处在零状态响应和零输入响应($T>5\tau$)状态。否则,测得的时间常数是错的。

五、实验报告要求

1. 在直角坐标纸上画出一阶电路的各种响应波形,标明实验电路参数。
2. 由曲线测得 τ 值,并与参数值的计算结果作比较,分析误差原因。
3. $u_R(t)$ 的哪一种波形满足微分电路的要求?
4. $u_C(t)$ 的哪一种波形满足积分电路的要求?
5. 总结信号源、示波器的基本使用方法。

6.4 无源网络的频率特性研究

一、实验目的

1. 掌握 RC 低通、RC 高通滤波电路的特点;
2. 掌握电路幅频特性、相频特性的测试方法和频率特性曲线的绘制方法;
3. 掌握测量谐振频率、品质因数的方法;
4. 会使用交流毫伏表。

二、实验设备

1. 信号发生器;
2. 数字示波器;

3. 交流毫伏表；

4. 电路实验箱。

三、实验原理

1. 网络的频率特性

电路在相同幅度不同频率正弦信号激励下的正弦稳态响应会因频率改变而不同，这种变化的关系，可以通过一个称作频率特性的指标来描述。频率特性也称频率响应，是描述电子电路系统、信号传输系统性能的一个重要指标。在电路理论中，一般通过系统传输函数（网络函数）来描述电路的频率特性，其定义为

$$H(j\omega) = \frac{响应相量}{激励相量} = |H(j\omega)| \cdot e^{\varphi(j\omega)}$$

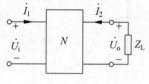

其中，$|H(j\omega)|$ 称为系统的幅频特性，$\varphi(j\omega)$ 称为系统的相频特性。

若双口网络 N 如图 6-17 所示，响应取输出电压 $\dot{U}_o$，激励取输入电压 $\dot{U}_i$，则系统的频率特性为

图 6-17　双口网络 N

$$H(j\omega) = \frac{\dot{U}_o(j\omega)}{\dot{U}_i(j\omega)}$$

2. RC 低通电路的频率特性

电路如图 6-18(a)所示，$\dot{U}_1$ 为激励，$\dot{U}_2$ 为响应，其频率特性为

$$H(j\omega) = \frac{\dot{U}_2}{\dot{U}_1} = \frac{\frac{1}{j\omega C}}{R + \frac{1}{j\omega C}} = \frac{1}{\sqrt{1 + (\omega RC)^2}} \angle -\arctan\omega RC$$

其中，$|H(j\omega)| = \dfrac{1}{\sqrt{1 + (\omega RC)^2}}$ 为幅频特性，$\phi(\omega) = -\arctan\omega RC$ 为相频特性。

$\omega_c = \dfrac{1}{RC}$，$f_c = \dfrac{1}{2\pi RC}$ 称为截止频率。

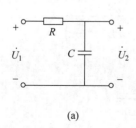

(a)

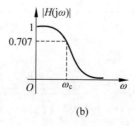

(b)

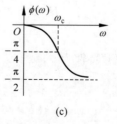

(c)

图 6-18　RC 低通电路

3. RC 高通电路的频率特性

电路图 6-19(a)所示,设 $\dot{U}_1$ 为激励,$\dot{U}_2$ 为响应,其频率特性为

$$H(j\omega) = \frac{\dot{U}_2}{\dot{U}_1} = \frac{R}{R + \frac{1}{j\omega C}} = \frac{1}{\sqrt{1 + \left(\frac{1}{\omega RC}\right)^2}} \angle \arctan \frac{1}{\omega RC}$$

其中,$|H(j\omega)| = \dfrac{1}{\sqrt{1 + \left(\dfrac{1}{\omega RC}\right)^2}}$ 为幅频特性,$\phi(\omega) = \arctan \dfrac{1}{\omega RC}$ 为相频特性。

$\omega_c = \dfrac{1}{RC}$,$f_c = \dfrac{1}{2\pi RC}$ 称为截止频率。

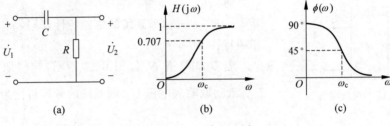

(a) (b) (c)

图 6-19 RC 高通电路

4. RLC 串联电路频率特性与谐振

RLC 串联电路如图 6-20 所示,设激励为输入端口电压 $\dot{U}$,响应为电阻电压 $\dot{U}_R$。

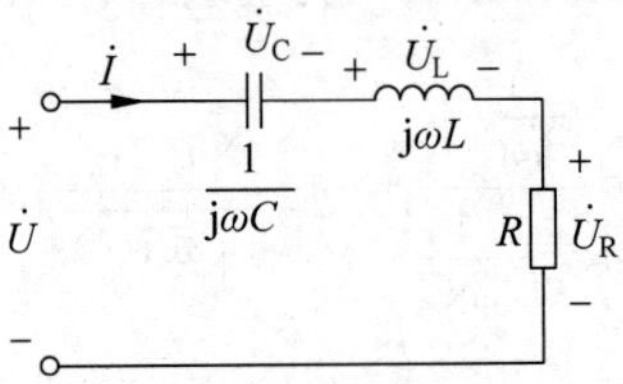

图 6-20 RLC 串联电路

则电路的频率特性为

$$H(j\omega) = \frac{\dot{U}_R}{\dot{U}} = \frac{R}{R + \frac{1}{j\omega C} + j\omega L} = \frac{R}{R + j\left(\omega L - \frac{1}{\omega C}\right)}$$

其幅频特性为

$$|H(j\omega)| = \frac{R}{\sqrt{R^2 + \left(\omega L - \frac{1}{\omega C}\right)^2}}$$

相频特性为

$$\phi(\omega) = -\arctan\left(\frac{\omega L}{R} - \frac{1}{\omega C R}\right)$$

频率特性曲线如图 6-21 所示。

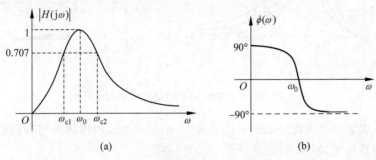

(a)　　　　　　　　　　(b)

图 6-21　RLC 串联电路的频率特性

电路的下限截止频率和上限截止频率分别为

$$\omega_{c1} = -\frac{R}{2L} + \sqrt{\left(\frac{R}{2L}\right)^2 + \frac{1}{LC}} \qquad \omega_{c2} = \frac{R}{2L} + \sqrt{\left(\frac{R}{2L}\right)^2 + \frac{1}{LC}}$$

当 $\omega = \omega_0 = \dfrac{1}{\sqrt{LC}}$ 时，$H(j\omega)$ 虚部为零，电路此时的工作状态称为谐振。$f_0 = \dfrac{\omega_0}{2\pi} = $

$\dfrac{1}{2\pi\sqrt{LC}}$ 称为谐振频率。$Q = \dfrac{\omega_0}{\omega_{c2} - \omega_{c1}} = \dfrac{\omega_0 L}{R} = \dfrac{1}{R}\sqrt{\dfrac{L}{C}}$ 称为串联谐振电路的品质因数。

RLC 串联电路表现为带通特性，其带宽为 $\mathrm{BW} = \omega_{c2} - \omega_{c1} = \dfrac{R}{L}$。

欲使电路满足谐振条件，可以通过改变 L、C 或 f 来实现。本实验采用改变外加正弦电压信号的频率来使电路达到谐振。谐振时，电路的复阻抗虚部为零，阻抗值 $Z = R + \dfrac{1}{j\omega C} + j\omega L = R$，是一个纯电阻，此时阻抗最小，阻抗角为零，电路中的电流有效值达到最大，为 $I_0 = I(\omega_0) = \dfrac{U}{R}$。

RLC 串联电路的幅频特性又称为串联电路的谐振曲线，如图 6-22 所示。

$$|H(j\omega)| = \frac{R}{\sqrt{R^2 + \left(\omega L - \dfrac{1}{\omega C}\right)^2}} = \frac{1}{\sqrt{1^2 + Q^2\left(\dfrac{\omega}{\omega_0} - \dfrac{\omega_0}{\omega}\right)^2}}$$

串联电路中的 R 越小，品质因数 Q 就越大，曲线就越尖锐，电路的选频特性就越灵敏。

5. *频率特性的测试方法*

(1) 点频法。又称逐点测量法，即保持输入正弦信号幅度不变，逐个改变输入信号频

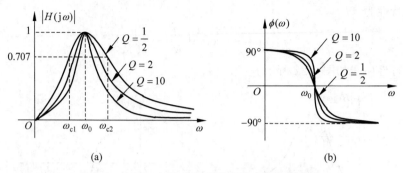

图 6-22　RLC 串联电路不同 Q 值时的频率特性

率,每改变一次频率就测量一次输出信号幅度(相移),然后根据频率与输出信号幅度(相移)的关系得到幅频(相频)特性曲线。

相位差的测量:相位差即相移,可以通过输出波形相对于输入波形的时移(延迟或超前)与信号频率的乘积求得,即

$$\phi = f \cdot \Delta t \cdot 360° = \frac{\Delta t}{T} \cdot 360°$$

输出波形相对于输入波形的时移可以选择两波形上对应的特殊点进行计算,这些特殊点可以是波形的过零点或峰值点,如图 6-23 所示。一般来说,过零点曲线斜率较大,更方便读取时间差。

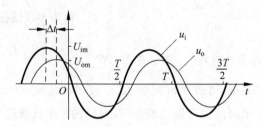

图 6-23　输出相对于输入波形的时移(时间差)

点频法测试方法:将信号源的输出端接在网络输入端,将双踪示波器的两路输入分别接在网络的输入端和输出端。

测试时通常先进行粗测,改变输入信号频率,大致观察其输出幅度(时移)变化规律,了解系统幅频(相频)特性;然后进行细测,保持输入信号幅度不变,逐点改变输入信号频率,测出并记录输出信号幅度(时移)。点频法测相频特性时,通常示波器测得的是时移(延迟或超前),需要乘以频率才能得到相移。

注意:

① 如果输入信号频率的变化对输出信号的幅值改变影响不大,可适当增大逐点改变的频率间隔;如果输入信号频率的变化对输出信号的幅值改变影响较大(通常出现在下转折频率或上转折频率附近),可适当减小逐点改变的频率间隔,这样有利于在测量过程中记录转折频率。

②　幅频特性也可以用毫伏表来测试,方法是将信号源接在网络输入端,双路毫伏表两路分别接在网络的输入端和输出端。至于为什么不用万用表而采用毫伏表,主要是因为它们所能测试电压的频率范围不同,参照其说明书可以发现,万用表可测电压信号的频率范围较窄,毫伏表可测电压信号的频率范围较宽。毫伏表测得的数值为有效值,通常比示波器观察所得值误差小,但此方法不适合测相频特性。

用点频法测量的频率特性是静态特性,测试方法简单,无须采用专用仪器。不足之处是:数据不连续,对某一频率的突变量可能丢失;测量时间长,误差较大;不能反映动态特性。

(2)　扫频法。即用扫频仪测量。扫频仪又称为频率特性测试仪,是专门用于测试系统传输特性的仪器,可以测量幅频特性、相频特性、增益或衰减特性等。测试时把扫频仪的输入端和输出端分别与被测电路的输出端和输入端连接,在扫频仪的显示屏上显示出电路的输出电压幅值对各输入信号频率点的响应曲线。采用扫频仪测试频率特性,具有测试简便、迅速、直观、易于调整等特点,是一种动态测量法,它常用于各种中频特性调试、带通调试等。

6. 半对数坐标系

半对数坐标系中一个轴是分度均匀的普通坐标轴,另一个轴是分度不均匀的对数坐标轴。在绘制频率特性时,常常对频率轴采用半对数刻度(见图 6-24),而纵轴保持均匀刻度不变,这样可以在很宽的频率范围内,将频率特性的特点清晰地显示出来,便于从总体上把握频率特性。如果用普通直角坐标,则低频部分受到压缩而高频部分又展得很宽,不利于将频率特性的特点清晰地显示出来。

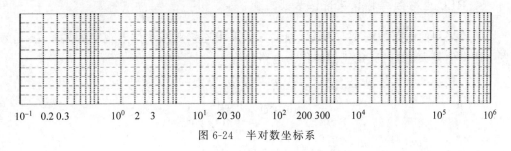

10^{-1}　0.2 0.3　　　10^0　2　3　　10^1　20 30　　10^2　200 300　　10^4　　　　10^5　　　　　10^6

图 6-24　半对数坐标系

四、实验内容

1. 低通特性测量

实验采用的电路如图 6-25 所示,测试方法采用连接示波器观察的点频法。信号发生器产生最大值为 2V 的正弦波作为电路的输入,逐点改变信号源的频率(10kHz~300kHz),测量电路输出电压和时移,并将结果填入表 6-10

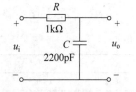

图 6-25　低通特性测量电路

中,并画出电路的幅频特性和相频特性曲线。自行选择合适的频点。

表6-10   低通幅频特性和相频特性测量数据表

f/Hz								
$U_{\mathrm{om}}/\mathrm{V}$								
$\Delta t/\mathrm{s}$								
$\varphi/^{\circ}$								

2. 高通特性测量

实验采用的电路如图6-26所示,测试方法采用连接示波器观察的点频法。信号发生器产生最大值为2V的正弦波作为电路的输入,逐点改变信号源的频率(10kHz~300kHz),测量电路输出电压和时移,并将结果填入表6-11中,并画出电路的幅频特性和相频特性曲线。自行选择合适的频点。

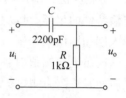

图6-26   低通特性测量电路

表6-11   高通幅频特性和相频特性测量数据表

f/Hz								
$U_{\mathrm{om}}/\mathrm{V}$								
$\Delta t/\mathrm{s}$								
$\varphi/^{\circ}$								

3. RLC电路频率特性及谐振参数测量

实验采用的电路如图6-27所示,测试方法采用连接双踪示波器观察的点频法,信号发生器产生最大值为3V的正弦波作为电路的输入。

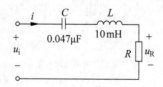

图6-27   RLC电路特性及谐振参数测量

(1)谐振频率的测量。取$R=510\Omega$,改变输入信号的频率,观测电阻两端电压,当其达到最大时,所对应的频率即为f_0,将结果记录于表6-12中,并计算谐振时的Q及U_{C}。取$R=51\Omega$,重复上述步骤,并将结果记录于表6-12中。

表6-12   RLC电路谐振参数测量数据表

R	U_R	f_0	Q	U_C
510Ω				
51Ω				

（2）频率特性曲线的测量。取 $R=510\Omega$，保持输入电压恒定为 $3V$（峰值），改变其频率，用示波器测量 U_R 的峰值并计算电流峰值 I_m。同时用示波器观察频率改变时，信号源电压 $u(t)$ 和电阻电压 $u_R(t)$，判断电路的性质是容性还是感性，并将结果记录于表 6-13 中。注意，表中除谐振频率点 f_0 和截止频率 f_{C1}、f_{C2} 外，其他频点请自行选择合适的值。

表 6-13 RLC 电路频率特性曲线测量数据表

f/Hz				f_{c1}			f_0			f_{c2}			
U_{Rm}/V													
I_m/mA													
电路性质													

4．谐振法测量电感线圈

取电路实验箱的某一电容值作为已知的标准电容，试利用谐振的原理设计测量线圈电感量的方法。数据测试 3 次，取其平均值。

五、注意事项

1．由于信号源内阻的影响，在频率特性测试中每次改变频率都应注意保持信号源输出幅度不变。

2．在转折频率或谐振频率附近，因频率特性变化较快，选点应适当密集些。

3．测量信号幅值时也可使用毫伏表。若使用毫伏表，注意在通电前，先调整电表指针的机械零位。另外，电表读数为有效值。

六、实验报告要求

1．数据记录表要注明测试条件及单位，通常取小数点后 2 位有效数字。

2．用半对数坐标纸画出低通、高通的幅频特性曲线和相频特性曲线。

3．根据测试数据，用半对数坐标纸画出 RLC 电路的 I-f 特性曲线。

4．计算通频带，讨论分析通频带与回路品质因数和选择性之间的关系。

5．试说明自己设计的测量线圈电感值的步骤，并将所测值与电感上的标称值比较，计算测量误差。

七、思考题

1．为什么 $R=51\Omega$ 时谐振频率测量误差较大？

2．点频法采用示波器测量和采用毫伏表测量各有什么优点和不足？

6.5 RLC 串联电路的阶跃响应

一、实验目的

    1. 研究 RLC 串联电路的电路参数与阶跃响应的关系;

    2. 观测二阶电路在过阻尼、临界阻尼和欠阻尼三种情况下的响应波形;

    3. 利用响应波形,计算二阶电路响应过程的有关参数。

二、实验设备

    1. 信号发生器;

    2. 数字示波器;

    3. 电路实验箱。

三、实验原理

    1. 二阶电路的阶跃响应

    二阶电路在阶跃信号激励下的零状态响应称为二阶电路的阶跃响应。RLC 串联电路如图 6-28 所示。

    图中激励 u_S 为阶跃电压 $E_\varepsilon(t)$,$t>0$ 时,有电路方程:

$$\frac{\mathrm{d}^2 u_C}{\mathrm{d}t^2} + \frac{R}{L}\frac{\mathrm{d}u_C}{\mathrm{d}t} + \frac{1}{LC}u_C = \frac{1}{LC}E$$

$$U_C(0_+) = U_C(0_-) = 0$$

$$\frac{\mathrm{d}u_C(0_+)}{\mathrm{d}t} = \frac{i_L(0_+)}{C} = 0$$

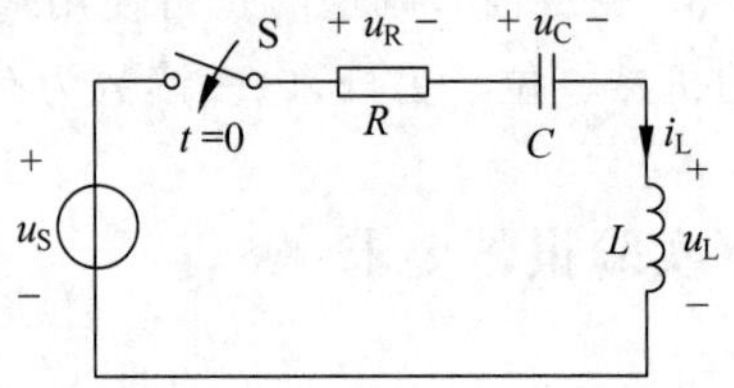

图 6-28　串联谐振电路

    特征根: $S_{1,2} = -\dfrac{R}{2L} \pm \sqrt{\left(\dfrac{R}{2L}\right)^2 - \dfrac{1}{LC}}$,特解为 E。

    (1) 当 $R > 2\sqrt{\dfrac{L}{C}}$ 时,电路工作在过阻尼状态,$u_C = E + A_1 e^{s_1 t} + A_2 e^{s_2 t}$

    (2) 当 $R = 2\sqrt{\dfrac{L}{C}}$ 时,电路工作在临界阻尼状态,$u_C = E + (A_1 + A_2 t)e^{st}$

    (3) 当 $R < 2\sqrt{\dfrac{L}{C}}$ 时,电路工作在欠阻尼状态,$u_C = E + K e^{-\alpha t}\sin(\omega t + \beta)$

其中 $\alpha = \dfrac{R}{2L}$，为衰减系数，$\beta = \dfrac{1}{\sqrt{LC}}$，为振荡角频率。另外时间常数 $\tau = \dfrac{2L}{R} = \dfrac{1}{\alpha}$。

2. 欠阻尼状态的参数

时间常数：$\tau = \dfrac{2L}{R}$

欠阻尼状态下的衰减系数 α 和振荡角频率 ω 可以通过示波器观测电容电压的波形求得。

由图 6-29 可见，相邻两个最大值之间的间距为振荡周期 T，由此，计算振荡角频率为

$$\omega = \frac{2\pi}{T}$$

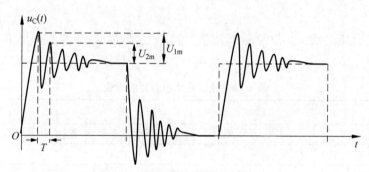

图 6-29　欠阻尼振荡参数测量

对于零状态响应

$$u_C = E + A\,\mathrm{e}^{-\alpha t}\sin(\omega t + \beta)$$

由图 6-29 可见，相邻两个最大值的比值为 $\dfrac{U_{1m}}{U_{2m}} = \mathrm{e}^{\alpha T}$，所以有

$$\alpha = \frac{\ln \dfrac{U_{1m}}{U_{2m}}}{T}, \quad \tau = \frac{1}{\alpha}$$

四、实验内容

1. 阶跃信号的产生

实际中的阶跃响应难以捕捉和观察，本实验中输入的阶跃信号使用周期性的方波代替，便于示波器观察二阶电路的响应波形。信号源输出幅度为 2V，频率根据实验情况选择和调整。由于函数信号发生器只能提供正、负交替的矩形波，需调整信号源的直流偏置值，使方波低电平为 0V，高电平为 2V。

2. 观察三种响应下电容电压波形

电路连接如图 6-30 所示,电感 L 取 $10\mathrm{mH}$,电容 C 取 $0.047\mu\mathrm{F}$,用示波器观察 U_C 的波形。为了清楚地观察到 RLC 串联电路振荡的全过程,需调节变阻器改变电阻值。观察三种不同阻尼状态,用示波器观测并记录三种情况下的 $U_\mathrm{C}(t)$,填入表 6-14 中。

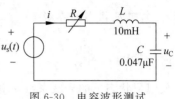

图 6-30 电容波形测试

(1) 观察临界阻尼状态。逐步加大 R 值,当 $U_\mathrm{C}(t)$ 的波形刚刚不出现振荡时,即处于临界状态,此时回路的总电阻就是临界电阻,与用公式 $R < 2\sqrt{\dfrac{L}{C}}$ 所计算出来的总阻值进行比较。

(2) 观察过阻尼状态。继续加大 R 值,即处于过阻尼状态,观察不同 R 对 $U_\mathrm{C}(t)$ 波形的影响。

表 6-14 过阻尼状态测量数据表

	f(方波频率 Hz)	R	$U_\mathrm{C}(t)$波形
欠阻尼			
临界阻尼			
过阻尼			

3. 欠阻尼状态参数的测量

选择 $R = 200\Omega$,调节信号发生器的频率,使示波器上出现完整的阻尼振荡波形,记录此时的信号源频率 f 并测量 T,W,α 和 τ 参数,填表 6-15 中。

表 6-15 欠阻尼状态测量数据表

$f=$ $R=200\Omega$	振荡周期 T	ω	a	衰减时间 τ
理论值				
测量值				

将测量的参数值与理论值进行比较,分析误差产生的原因。

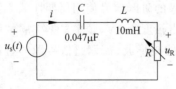

图 6-31 电阻波形测试

4. 观察三种响应下电阻电压波形

按图 6-31 连接电路,按照实验内容 2 的方法,观察三种不同阻尼状态下电阻 R 的波形,并与电容波形进行比较。

五、实验报告要求

1. 完成实验任务中的所有数据和波形的记录和计算。
2. 在直角坐标纸上画出所有波形曲线。

六、思考题

1. 分析实验结果,说明电路参数变化对状态的影响,试用 Multisim 仿真实现。
2. 常用示波器适用于观察周期信号,可以利用这种示波器观察非周期信号(例如阶跃信号)通过系统的响应吗? 为什么?
3. 如果要做关于 RLC 串联电路冲激响应的实验,怎样模拟输入的冲激信号?

6.6　双口网络的特性研究

一、实验目的

1. 理解双口网络互易条件;
2. 了解双口网络各参数的基本概念;
3. 理解并掌握双口网络参数的测试方法。

二、实验设备

1. 数字万用表;
2. 信号发生器;
3. 直流稳压电源;
4. 电路实验箱。

三、实验原理

1. 双口网络

若网络 N 包含有一个输入端口和一个输出端口,内部由集总、线性、时不变元件组成,不含有独立电源,但可以含受控源,初始条件为零,则称为双口网络,如图 6-32 所示。一个无源双口网络其外特性可以用只取决于双口网络内部的元件和结构的网络参数来表

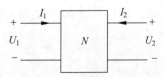

图 6-32　无源双端口网络图示

示,网络参数确定后,端口电压 U_1、U_2 与端口电流 I_1、I_2 之间的关系也就唯一确定了。

描述双口网络等效电路的参数有开路阻抗参数 Z、短路导纳参数 Y、传输参数 T 和混合参数 H。

2. 开路阻抗参数

$$\dot{U}_1 = Z_{11}\dot{I}_1 + Z_{12}\dot{I}_2$$

$$\dot{U}_2 = Z_{21}\dot{I}_1 + Z_{22}\dot{I}_2$$

$$Z_{11} = \frac{\dot{U}_1}{\dot{I}_1}\bigg|_{\dot{I}_2=0} \qquad Z_{12} = \frac{\dot{U}_1}{\dot{I}_2}\bigg|_{\dot{I}_1=0}$$

$$Z_{21} = \frac{\dot{U}_2}{\dot{I}_1}\bigg|_{\dot{I}_2=0} \qquad Z_{22} = \frac{\dot{U}_2}{\dot{I}_2}\bigg|_{\dot{I}_1=0}$$

当二端口网络互易时有 $Z_{12} = Z_{21}$。

其中,Z_{11} 表示端口 2 开路时端口 1 的阻抗,Z_{12} 表示端口 1 开路时的转移阻抗,Z_{21} 表示端口 2 开路时的转移阻抗,Z_{22} 表示端口 1 开路时端口 2 的阻抗。

3. 短路导纳参数 Y

若在双口网络 N 两端均施加电压源,则有

$$\dot{I}_1 = Y_{11}\dot{U}_1 + Y_{12}\dot{U}_2$$

$$\dot{I}_2 = Y_{21}\dot{U}_1 + Y_{22}\dot{U}_2$$

$$Y_{11} = \frac{\dot{I}_1}{\dot{U}_1}\bigg|_{\dot{U}_2=0} \qquad Y_{12} = \frac{\dot{I}_1}{\dot{U}_2}\bigg|_{\dot{U}_1=0}$$

$$Y_{21} = \frac{\dot{I}_2}{\dot{U}_1}\bigg|_{\dot{U}_2=0} \qquad Y_{22} = \frac{\dot{I}_2}{\dot{U}_2}\bigg|_{\dot{U}_1=0}$$

当二端口网络互易时有 $Y_{12} = Y_{21}$。

其中,Y_{11} 表示端口 2 短路时端口 1 的导纳,Y_{12} 表示端口 1 短路时的转移导纳,Y_{21} 表示端口 2 短路时的转移导纳,Y_{22} 表示端口 1 短路时端口 2 的导纳。

4. 传输参数

若在双口网络 N 一端加电流源,另一端加电压源,则有

$$\dot{U}_1 = A\dot{U}_2 + B(-\dot{I}_2)$$

$$\dot{I}_1 = C\dot{U}_2 + D(-\dot{I}_2)$$

$$A = \left.\frac{\dot{U}_1}{\dot{U}_2}\right|_{\dot{I}_2=0} \qquad B = \left.-\frac{\dot{U}_1}{\dot{I}_2}\right|_{\dot{U}_2=0}$$

$$C = \left.\frac{\dot{I}_1}{\dot{U}_2}\right|_{\dot{I}_2=0} \qquad D = \left.\frac{\dot{I}_1}{\dot{I}_2}\right|_{\dot{U}_2=0}$$

当二端口网络互易时有 $AD-BC=1$。

其中，A 表示端口 2 开路时的正向电压传输比，B 表示端口 2 短路时的正向转移阻抗，C 表示端口 2 开路时的正向转移导纳，D 表示端口 2 短路时的正向电流传输比。

5. 混合参数

在双口网络 N 一端加电流源，另一端加电压源，由叠加定理可得表达式为

$$\dot{U}_1 = h_{11}\dot{I}_1 + h_{12}\dot{U}_2$$

$$\dot{I}_1 = h_{21}\dot{I}_1 + h_{22}\dot{U}_2$$

$$h_{11} = \left.\frac{\dot{U}_1}{\dot{I}_1}\right|_{\dot{U}_2=0} \qquad h_{12} = \left.\frac{\dot{U}_1}{\dot{U}_2}\right|_{\dot{I}_1=0}$$

$$h_{21} = \left.\frac{\dot{I}_2}{\dot{I}_1}\right|_{\dot{U}_2=0} \qquad h_{22} = \left.\frac{\dot{I}_2}{\dot{U}_2}\right|_{\dot{I}_1=0}$$

当二端口网络互易时存在 $h_{12} = -h_{21}$。

其中，h_{11} 表示端口 2 短路时端口 1 的阻抗，h_{12} 表示端口 1 开路时的反向电压传输比，h_{21} 表示端口 1 开路时正向电流传输比，h_{22} 表示端口 1 开路时端口 2 的导纳。

四、实验内容

1. 现有两个网络 N_1 和 N_2，其结构和参数如图 6-33 和图 6-34 所示，易知两个网络为互易双口网络。

(1) 根据图示参数，测量双口网络 N_1 和 N_2 有关的电路变量；

(2) 求出对应的 Y、H 和 T 参数；

(3) 验证互易定理。

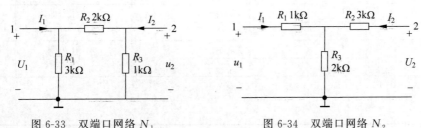

图 6-33 双端口网络 N_1 　　　　　图 6-34 双端口网络 N_2

测量和计算数据填入表 6-16 中。

表 6-16(a) 双口网络 N_1 测量和计算数据记录表

Z 参数	$I_2=0$	U_1	I_1	U_2	Z_{11}	Z_{12}	Z_{21}	Z_{22}
	$I_1=0$	U_1	U_2	I_2				
Y 参数	$U_1=0$	I_1	U_2	I_2	Y_{11}	Y_{12}	Y_{13}	Y_{14}
	$U_2=0$	U_1	I_1	I_2				
H 参数	$U_2=0$	U_1	I_1	I_2	H_{11}	H_{12}	H_{21}	H_{22}
	$I_1=0$	U_1	U_2	I_2				
T 参数	$I_2=0$	U_1	I_1	U_2	A	B	C	D
	$U_2=0$	U_1	I_1	I_2				
实验结论								

表 6-16(b) 双口网络 N_2 测量和计算数据记录表

Z 参数	$I_2=0$	U_1	I_1	U_2	Z_{11}	Z_{12}	Z_{21}	Z_{22}
	$I_1=0$	U_1	U_2	I_2				
Y 参数	$U_1=0$	I_1	U_2	I_2	Y_{11}	Y_{12}	Y_{13}	Y_{14}
	$U_2=0$	U_1	I_1	I_2				
H 参数	$U_2=0$	U_1	I_1	I_2	H_{11}	H_{12}	H_{21}	H_{22}
	$I_1=0$	U_1	U_2	I_2				
T 参数	$I_2=0$	U_1	I_1	U_2	A	B	C	D
	$U_2=0$	U_1	I_1	I_2				
实验								

注意：电流单位为 mA，电压单位为 V。端口开路时端口不输入电压，但可测其电压端口短路则用导线短路。

2. 针对双口网络 N_1 设计其 T 型等效电路，针对双口网络 N_2，设计其 Ⅱ 型等效电路，并理论计算证明设计合理正确，并给出一组参数的计算结果。

3. 将双口网络 N_1 和双口网络 N_2 级联，根据测量的相关电路量计算级联后的等效传输参数 T，进而结合实验任务 1 的测量和计算，验证测量的结果。

双口网络级联电路如图 6-35 所示。

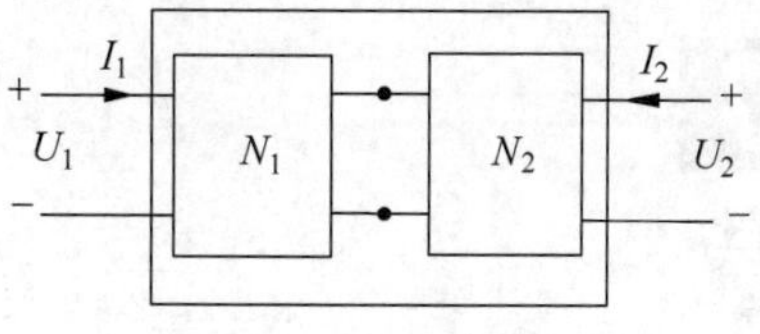

图 6-35 双口网络级联

4. 将已经级联好的双口网络 2 端接 10mH 的电感作为负载 Z_L，如图 6-36 所示。测量端口 1 的等效输入阻抗 Z_i，并与计算值进行比较。信号发生器输出 200Hz 正弦波，使用数字万用表测量。

$$Z_{i测} = \frac{\dot{U}_1}{\dot{I}_1} \quad Z_{i计} = \frac{AZ_L + B}{CZ_L + D}$$

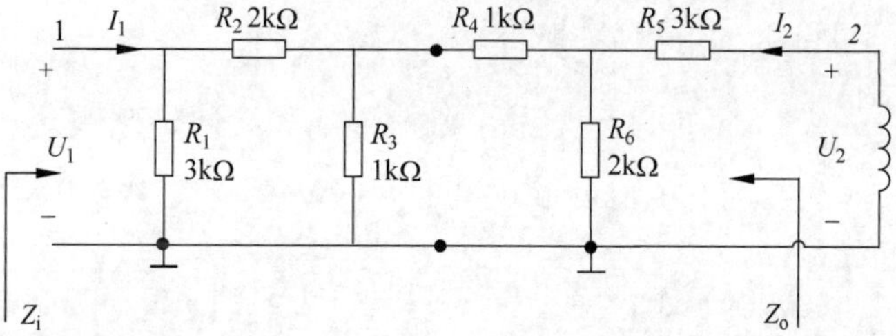

图 6-36 双口网络级联（电感负载）

注意：电感等效电阻需要考虑。

五、实验报告要求

1. 根据实验内容 1 测量的数据及结果判断是否满足互易定理。

2. 分析画出实验任务 2 的设计电路图，结合理论计算，进而验证实验测量数据的正确性。

3. 完成任务 3、任务 4 的测量计算。

第7章

设计性实验

第 6 章的验证性实验除了锻炼读者基本实验技能以外,其主要目的是验证电路理论知识,使读者加深对课本知识的理解。本章所介绍的设计性实验,对读者提出了更高的要求,需要读者综合应用所学知识和实验技能,自学或查阅相关知识,实现具有一定功能的电路。每一个设计性实验就是一个小小的科研任务,实验步骤和方法没有固定模式,读者具有广阔的发挥空间。设计性实验有利于培养读者的创新思维,提高其分析和解决问题的能力。建议实验报告以小论文的形式完成。

7.1   开关稳压电源设计

一、设计内容

设计一款开关稳压电源电路,当输入电压在 7～24V 变化时,输出稳定在 5V 不变,且输出电流不小于 1A。

二、设计原理

一般电路中往往需要不同电压值的供电电源,但系统供电往往只有一种电压,这就需要进行电压变换。电压变换电路包括线性电源和开关电源两种,其中开关电源的变换效率比线性电源效率高,是稳压电源的发展方向,在各种电子装备中也很常见。

本设计要求完成基于集成电路 LM2575(或 LM2576)的开关稳压电源电路。LM2575 将开关电源的开关变换电路和稳压控制电路集成在一个芯片中,但整流滤波所需的电感和电容不容易集成,采用的是分离元件。LM2575 有 LM2575-5.0、LM2575-12、LM2575-3.3、LM2575-ADJ 等型号。LM2575-5、LM2575-12 和 LM2575-3.3 分别输出 5V、12V 和 3.3V 的固定值,反馈取样电路集成在芯片内部,输出电压不可调。LM2575-ADJ 的反馈取样电路为芯片的外围电路,通过改变取样电阻的比值可调整输出电压。本设计采用 LM2575-ADJ 型号的芯片。

参考原理图如图 7-1 所示。V_{in} 为输入端,V_{out} 为输出端,GND 为公共地,C 为控制端,用于控制开关电源是否有输出,当 C 端为高电平时,输出为零,当 C 端为低电平时,有输出电压。关于集成电路 LM2575 的特性,请查阅数据手册和相关书籍。

三、设计要求

1. 查阅 LM2575 的数据手册,掌握图 7-1 所示各元件的功能和参数选择依据。

2. 电路焊接调试完成后,在输出端接上电阻负载,用示波器观察各点波形,进一步体会电容和电感的特性。

3. 通过改变取样电阻 R_2 的阻值,改变输出电压。

4. 测试该电路的输入和输出功率,并计算效率,体会功率变换和损耗问题。

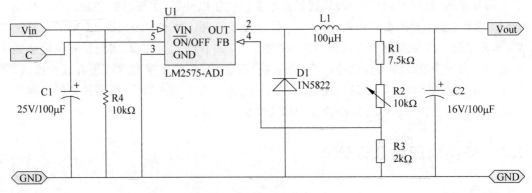

图 7-1　开关稳压电源参考电路

四、思考和讨论

1. 分析电感和电容值的大小对输出电压有何影响?
2. 改变负载电阻的大小,分析输出电压的变化。
3. 如果把开关电源电路等效为戴维南电路,其戴维南等效电阻大小如何?

7.2　基于 555 的方波信号发生器设计

一、设计内容

基于 555 定时器芯片设计一款简易方波信号发生器电路,并且方波的频率和占空比在一定范围内连续可调。

二、设计原理

555 定时器是一种多用途的数模混合集成电路,因其使用灵活、方便,被广泛应用于各种电路。555 内部主要由两个比较器、SR 锁存器和放电三极管组成。

图 7-2 为方波信号发生器参考电路。其基本工作原理是:电源通过电阻给电容充电,电容电压逐渐上升。当电容电压值上升到高于比较器门限后,比较器输出发生跳变,通过 SR 锁存器使输出发生翻转。然后电容开始放电,电容电压下降,当电容电压低于比较器门限后,比较器发生跳变,输出再次发生翻转,从而输出周期性方波。调整充放电电阻和电容的值,可以改变充放电时间常数,从而调整输出方波的周期和占空比。

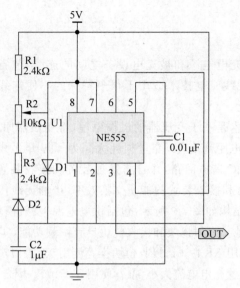

图 7-2　方波信号发生器参考电路

三、设计要求

1. 查阅 555 的数据手册,理解图 7-2 所示电路的工作原理。

2. 完成电路搭建和调试后,用示波器同时观察输出端和电容端波形,分析电容充放电时间与方波占空比和周期的关系。

3. 通过改变相应电阻和电容,改变输出波形周期和占空比。推导输出波形周期和占空比与电路参数之间的关系。

四、思考和讨论

1. 图 7-2 中两个二极管分别有什么作用?

2. 如果只改变周期,不改变占空比,可以只调节电容的值实现吗?

3. 在输出端连接负载电阻,观察输出波形的变化。

4. 对本电路进一步改进设计,使其在负载电流较大的情况下,输出方波波形基本不发生变化。

7.3　无线充电器设计

一、设计内容

设计一款无线充电器电路,在电气隔离的情况下,实现锂电池充电功能。当输入电压为 12～48V 时,电池充电电流最大可达 1A 以上。

二、设计原理

无线充电技术省去充电电源和被充电设备之间的连线,节省了线材,使充电更加方便灵活。更重要的是,无线充电技术适用于很多特殊的不便连线充电的场合,具有众多优点,应用领域非常广泛。

最初的无线充电技术是基于变压器的工作原理,将变压器原、副边分离,以实现无线充电功能。这种方式充电距离有限,能量损耗大。为了提升无线充电距离,提高充电效率,在原副边线圈增加 LC 谐振回路,并且将发射装置和接收装置调整到同一频率,产生谐振,可以大大提升发射和接收装置的能量交换效率,增加无线传输距离。

无线充电系统参考结构如图 7-3 所示,包括供电电源、发射模块、耦合线圈、接收模块、充电管理芯片和负载电池。发射模块和接收模块具有调频功能,实现发射端和接收端的频率共振,发射模块推荐使用 XKT-801,接收模块推荐使用 XKT-3170。充电管理模块实现锂电池的充电管理,可以设置充电电流大小,推荐使用 TB5100。耦合线圈可以购买成品,也可以自己绕制。为了避免线圈饱和,应使用空心线圈,线圈自感以 $10\sim30\mu H$ 为宜。

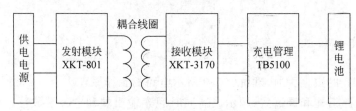

图 7-3 无线充电器电路结构

请自行查阅相关模块资料,完成电路搭建和调试,并且完成锂电池充电功能测试。收发模块实物如图 7-4 所示。

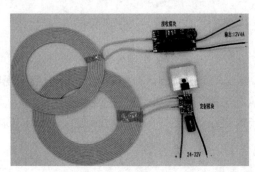

图 7-4 收发模块实物

三、设计要求

1. 查阅图 7-3 所示推荐的发射模块、接收模块和充电管理模块的数据手册,完成无线充电线圈的设计。

2．电路搭建调试完成后，在输出端接上锂电池负载，测试充电电压和电流，并测试输入电源的电压和供电电流，计算和分析电路的充电效率。

3．改变两线圈的距离，测试不同距离下充电电路的性能。

四、思考和讨论

1．如何提高充电效率？

2．在传输效率不明显下降的情况下，如何增加无线充电距离？

3．利用耦合电感模型定量分析以上无线充电电路。

7.4 模拟滤波器设计

一、设计内容

设计一款带通滤波器电路，当输入频率为 240Hz、幅值为 0.5V 的周期方波电压信号时，电路可以根据不同的元件参数分别输出方波信号的 1～5 次谐波成分，如图 7-5 所示。

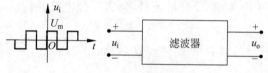

图 7-5　滤波器功能图

二、设计原理

利用傅里叶级数可以将一个周期函数展开为一系列正弦信号的叠加。例如，对于一个周期为 T、幅值为 U_m 的周期方波信号分 $f(t)$，在区间 $(t_1, t_1 + T)$ 内可以用傅里叶级数展开为

$$f(t) = a_0 + \sum_{n=1}^{\infty} (a_n \cos n\omega t + b_n \sin n\omega t)$$

$$= \frac{4U_m}{\pi} \left(\sin\omega t + \frac{1}{3}\sin 3\omega t + \frac{1}{5}\sin 5\omega t + \cdots + \frac{1}{n}\sin n\omega t + \cdots \right)$$

其中 $\omega = \dfrac{2\pi}{T} = 2\pi f$，$n = 1, 2, 3, \cdots$，$T$ 为周期信号的周期；f 为周期信号的频率。

不同频率的正弦(余弦)分量称为周期方波信号的谐波成分，频率为 ω 的正弦信号称为方波信号的基波分量，频率为 2ω 的正弦信号称为方波信号的 2 次谐波分量，频率为 $n\omega$ 的正弦信号称为方波信号的 n 次谐波分量。研究周期信号的谐波成分在信号分析中具有重要的意义。

为了研究周期信号的频率成分,常常需要测试其各次谐波的大小,一般需要设计一系列以谐波频率为中心频率的带通滤波器,将各次谐波提取出来,测试其大小(幅值),以建立信号的幅频特性。

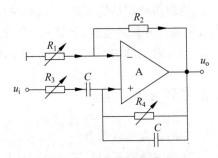

可以用作带通滤波器的电路有很多,图 7-6 给出了一种带通滤波器的参考电路,此电路由文氏桥式电路和运算放大器构成,调节电路中的电阻电容参数,可以改变带通滤波器的中心频率,以实现所需的功能。

图 7-6　滤波器电路参考

三、设计要求

1. 了解非正弦周期信号分解为成谐波关系正弦信号叠加的原理。
2. 推导滤波器频率特性,掌握带通滤波器设计方法。
3. 利用 Multisim 仿真电路,分析系统的幅频特性。
4. 以基波频率为中心频率,设计好元件参数,焊接电路并调试,在输出端接上示波器观察波形。
5. 通过改变元件参数,试着输出 1～5 次谐波。

四、思考和讨论

1. 有没有其他形式的带通滤波器? 若有,试举出一例。
2. 如何计算文氏桥式电路电阻?
3. 若 $R_1 > 2R_2$,会出现什么现象?
4. 若基波频率较低,会出现什么现象? 为什么?

7.5　无源单口网络参数的测定

一、设计内容

给定一个黑箱,黑箱对外引出一对端子,黑箱由 R、L、C 三种元件中的两种通过串联或并联连接组成,试设计一种方法,通过端口特性测试,确定黑箱内的电路的连接方式和元件的参数值。

黑箱内部参数范围:

电阻:$180\Omega \leqslant R \leqslant 220\Omega$,$P = 5\text{W}$,误差 5%;

电容：9000pF≤C≤12nF，误差 10%；耐压≥630V；

电感：8mH≤L_0≤12mH，误差 5%，电感直流等效电阻为 56Ω。

可用仪器：数字万用表、直流稳压电源、示波器、信号发生器、交流毫伏表。

二、设计提示

三种元件任取两种，可以串联或并联，共有 6 种组合，即电阻-电容（串联或并联）、电阻-电感（串联或并联）、电容-电感（串联或并联）。一般先进行结构判断，即判定元件类型及连接方式，然后再确定元件参数。

结构判断通常采用多种方法综合进行，例如采用万用表测量黑箱两端的电阻，可以将串联有电容的电路与其他电路区分出来。例如采用图 7-7 所示电路，选 $R=200\Omega$，将信号发生器产生的方波信号加到黑箱与电阻的串联电路上，用示波器观察电阻两端的波形，若响应波形的前后沿有充放电现象，则说明黑箱内部是阻容结构。

也可采用图 7-8 所示电路，函数信号发生器输出正弦信号，测量电路的幅频特性，保持信号发生器正弦波幅度不变，改变输出频率，如果随着输入信号频率的增加，输出电压幅度是单调增加的，则说明是阻容结构，若输出电压幅度是单调减少的，则说明是阻感结构，若输出电压幅度有拐点，则说明网络是带通或带阻的，网络是容感结构的。

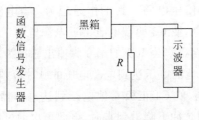

图 7-7　黑箱实验电路 1

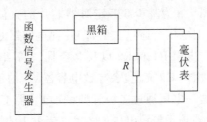

图 7-8　黑箱实验电路 2

元件参数的确定：用万用表测量电阻值，用外部并联或串联已知参数值的电抗元件，利用谐振法确定电感或电容的参数值。

此实验考察内容较多，既需要掌握单口网络伏安特性曲线的测试，也需要掌握幅频特性的测试，还需要对电路的谐振特性熟悉，需要利用方波、正弦波作为输入信号，观察电路的充放电特性，完全是对所学知识的综合应用。

三、设计要求

1. 编写"无源单口网络参数的测定"设计方案报告。

2. 详细记录测试过程，打开黑箱验证自己的判断，撰写"无源单口网络参数的测定"总结报告。

四、思考和讨论

1. 构造一个谐振电路与测试一个谐振电路区别在哪里？
2. 信号发生器的内阻对测试有影响吗？

7.6 基于 555 的直流电压倍压电路设计

一、设计内容

基于 555 定时器芯片设计一款直流电压倍压电路,使输出电压为直流电压源的 2 倍。

二、设计原理

555 定时器内部含有两个电压比较器、一个 R-S 触发器、一个放电三极管和三个 5kΩ 电阻组成的分压器。

图 7-9 为基于 555 定时器芯片的直流电压倍压电路。其工作原理为：当电源接通后,外加电压会通过二极管 D1 向电容器 C3 充电,使 C3 两端电压接近电源电压。555 定时器与电阻 R1 和 R2 以及电容器 C1 等组成振荡器。当 IC1 的第 3 脚输出脉冲为上升沿时,再次向 C3 充电,会导致电容器 C3 的正极对地的电压达到电源电压的脉冲峰值电压。随即这一电压通过二极管 D2 向电容器 C4 充电,使 C4 正极对地电压到达电容器 C3 的电压,即等于电源电压的 2 倍。当 IC1 的第 3 脚脉冲下降沿到来时,电源再次通过二极管 D1 向 C3 充电,往复上述过程,最终使电路输出端电压为电源电压的 2 倍。

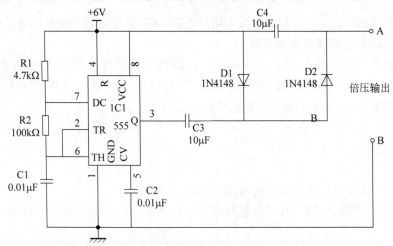

图 7-9 基于 555 定时器芯片的直流电压倍压电路

三、设计要求

1. 查阅资料，理解 555 定时器工作原理。
2. 查阅资料分析图 7-9 电路的工作过程。
3. 完成电路的搭建及调试工作，用电压表测量输出电压。

四、思考与讨论

1. 电压表多次测量输出电压大小与电压源是否为 2 倍关系？
2. 若输出电压与电压源不成 2 倍关系，试分析其原因。

7.7　基于 R-S 触发器的模拟抢答器设计

一、设计内容

用 CD4011 集成数字芯片的与非门设计一款基于 R-S 触发器的模拟抢答器。

二、设计原理

CD4011 集成数字芯片由四个两输入的与非门数字电路组成，如图 7-10 所示。本设计采用其与非门的输入、输出端交叉连接组成 R-S 触发器。

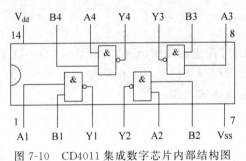

图 7-10　CD4011 集成数字芯片内部结构图

图 7-11 为基于 R-S 触发器的模拟抢答器电路。其工作原理为：电路中 IC1C、IC1D 两个与非门组成负脉冲触发的 R-S 触发器。两个发光二极管模拟显示器，用于模拟抢答结果。两个与非门 IC1A、IC1B 组成反相器，用于抢答器控制信号反相然后送入触发器。开关 S1、S2 模拟抢答器按钮。

通电后，两个发光二极管首先被点亮，反相器输入端（第 1 脚、第 6 脚）流出的电流分别向电解电容 C1、C2 充电并使反相器的输出端（第 3 脚、第 4 脚）和触发器输入端（第 12 脚、第 9 脚）为低电平，触发器的输出引脚（第 10 脚、第 11 脚）为高电平。

假设先按下开关 S1,电容 C1 会因为开关 S1 闭合而立即放电,使 IC1A 的第 1 脚转为低电平,同时第 3 脚和 IC1D 的第 12 脚也转为高电平,由于第 13 脚已经为高电平,会导致 IC1D 输出端转为低电平,发光二极管 LED1 被点亮。因为 IC1C 的第 8 脚、第 10 脚分别与 IC1D 第 11 脚、第 13 脚相连,所以再按下开关 S2,LED2 也不会被点亮。同样,假如抢答时,开关 S2 被首先按下,则电路的工作状态与上面的描述类似。

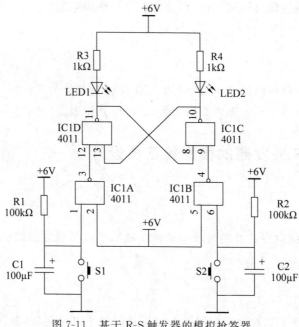

图 7-11   基于 R-S 触发器的模拟抢答器

三、设计要求

1. 查阅资料,理解与非门电路的输出真值表,了解 CD4011 芯片引脚连接。
2. 查阅资料了解 R-S 触发器的基本工作原理。
3. 完成电路的搭建及调试工作。

四、思考与讨论

1. 电路中 C1、C2 起什么作用?
2. 本电路能否采用由或非门组成的 R-S 触发器?

7.8   流水灯设计

一、设计内容

设计一款流水灯电路,利用三极管 C9013 和电阻、电容、发光二极管实现 LED 灯循环闪亮。

二、设计原理

流水灯参考电路原理图如图 7-12 所示。刚上电时,由于器件参数不同,两只三极管中有一路先进入饱和态,处于导通状态。若 Q_1 先进入饱和导通状态,D_1 则发光,电容 C_1 正极电压几乎为零,因电容电压不能发生突变,则 Q_2 的基极电压近似为零,故 Q_2 截止,D_2 不发光。此时通过 R_1 对电容 C_1 进行充电,进而 Q_2 的基极电位逐渐升高,当 Q_2 基极电位大于基极导通压降后,Q_2 由截止状态进入饱和导通状态,则 D_2 发光。Q_2 集电极电位也由于 Q_2 的导通而下降至接近于零,电容 C_2 两端电压不能发生突变,进而 Q_1 基极电压也接近于零,Q_1 由导通变为截止,D_1 不发光。则此时通过电阻 R_2 对电容 C_2 进行充电,电容 C_1 进入放电过程,直到 C_2 电位超过 Q_1 的导通电压,进而 Q_1 导通。如此循环,两个发光二极管交替导通发光。

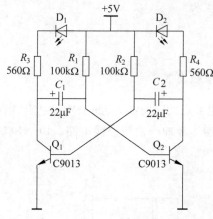

图 7-12　流水灯参考电路原理图

三、设计要求

1. 了解发光二极管、三极管的工作原理。
2. 利用 Multisim 仿真电路,简要分析电路的工作原理。
3. 利用电容充放电时间常数,设计好元件参数,焊接电路并调试,观察实验现象。
4. 改变电阻及电容等元件参数,观察对电路的影响。

四、思考和讨论

1. 利用电路分析的基本理论,分析电路充放电时间常数,能否根据参数计算当前电路的振荡频率?

2. 如何改变振荡频率?

3. 若用 3 只三极管设计流水灯,根据上述电路原理,如何设计实现?

7.9 声控延时电路设计

一、设计内容

利用拾音元件(如驻极体话筒)设计声控延时电路,能够感应环境一定强度的声音控制 LED 点亮,并能够延时一段时间后自动熄灭。系统结构如图 7-13 所示。

图 7-13 电路设计原理框图

二、设计原理

1. NE555 构成单稳态触发器

NE555 为低成本、性能可靠的定时器,借助于外接电阻、电容,可实现单稳态触发器、多谐振荡器及施密特触发器等脉冲产生与变换电路。由 NE555 组成的单稳态触发器电路原理图如图 7-14 所示。

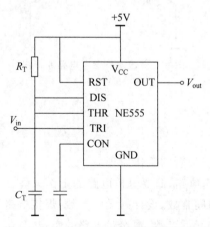

图 7-14 由 NE555 组成的单稳态触发器

当 V_{in} 无信号输入时,即 $V_{in} < \frac{1}{3} V_{CC}$ 时,输出为低电平,电容 C_T 被短接到地,此时 NE555 处于稳态。当输入 V_{in} 有信号时,且 $V_{in} > \frac{1}{3} V_{CC}$ 时,NE555 内部锁存器置位,输

出为高电平,电路进入暂态,电源通过电阻 R_T 对电容 C_T 进行充电,直至电容两端电压 $V_{C_T} > \frac{2}{3} V_{CC}$ 时,NE555 内部锁存器复位,输出为低电平,重新进入稳态。

根据 RC 电路零输入响应可知,暂态保持时间(即 U_{CT} 从 0V 充电至 $\frac{2}{3} V_{CC}$ 的时间)为 $t = 1.1 R_T C_T$。

2. 电路设计参考

如图 7-15 所示,驻极体话筒、Q_1、R_1 与 R_2 组成拾音电路,感知外界声音信号。当驻极体话筒接收到一定强度的声音信号后,通过上拉电阻 R_1 转换为微弱的电信号,经过三极管 Q_1 放大后,经电容 C_4 耦合输入到由 R_3 和 Q_2 组成的放大电路进一步放大。当接收到的声音信号足够强时,经过两级放大电路放大后,能够在 Q_2 集电极输出足够大的脉冲信号,此脉冲信号触发由 NE555 组成的单稳态电路,由 NE555 产生设定时间的高电平,从而使发光二极管点亮。由 NE555 组成单稳态电路可通过调整 R_T 和 C_T 的值来设定延时的时间长短。

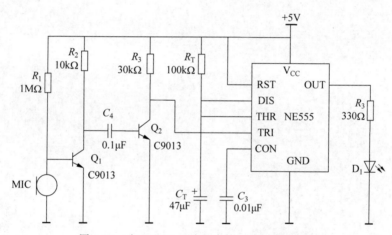

图 7-15 由 NE555 组成的声控开关电路原理图

如果要控制大功率设备,可再增加相应驱动电路以驱动继电器或驱动可控硅。

三、设计要求

1. 了解集成电路芯片 NE555 的工作原理及其常用电路。
2. 利用 Multisim 仿真电路,简要分析理解电路的工作原理。
3. 设计好元件参数,焊接电路并调试,观察实验现象。
4. 通过改变电阻 R_T 及电容 C_T 等元件参数,观察对电路的影响。

四、思考和讨论

1. 根据一阶 RC 电路原理,分析推导由 NE555 组成单稳态电路的延时时间。
2. 若要用 NE555 输出控制继电器,如何设计相应的驱动电路?
3. 若用图 7-15 所示电路控制 220V 照明,该如何设计?

参 考 文 献

[1]　常青美.电路分析基础[M].北京：国防工业出版社,2017.

[2]　朱卫东.电子技术实验教程[M].北京：清华大学出版社,2009.

[3]　李建兵,周长林.EDA 技术基础教程[M].北京：国防工业出版社,2009.

[4]　李建兵,王妍,赵豫京.PCB 工程设计[M].北京：国防工业出版社,2015.

[5]　胡君良.电路基础实验[M].2 版.西安：西北工业大学出版社,2016.

[6]　周润景,崔婧,等.Multisim 电路系统设计与仿真教程[M].北京：机械工业出版社,2018.

[7]　吕波,王敏,等.Multisim14 电路设计与仿真[M].北京：机械工业出版社,2020.

[8]　张新喜,许军,韩菊,等.Multisim14 电子系统仿真与设计[M].2 版.北京：机械工业出版社,2020.

[9]　李银华.电子线路设计指导[M].北京：北京航空航天大学出版社,2005.

[10]　余孟尝.数字电子技术基础简明教程[M].北京：高等教育出版社,2006.

[11]　姚缨英.电路实验教程[M].北京：高等教育出版社,2017.

[12]　张峰,吴月梅,李丹.电路实验教程[M].北京：高等教育出版社,2008.

[13]　许红梅,刘妍妍.电路分析实验教程[M].北京：电子工业出版社,2014.

[14]　王文,王成刚,李建海.电子技术综合实践[M].北京：电子工业出版社,2018.

[15]　张端.实用电子电路手册：数字电路分册[M].北京：高等教育出版社,1999.

[16]　彭介华.电子技术课程设计指导[M].北京：高等教育出版社,2004.

[17]　张永瑞,王松林.电路基础教程[M].北京：科学出版社,2005.

[18]　冯涛,杨淑华,李擎.电路分析基础实验与实践教程[M].北京：化学工业出版社,2015.

[19]　华成英,童诗白.模拟电子技术基础[M].4 版.北京：高等教育出版社,2006.

[20]　张庆双,等.电子元器件的选用与检测[M].北京：机械工业出版社,2003.

[21]　周惠潮.常用电子元件及典型应用[M].北京：电子工业出版社,2005.

图 书 资 源 支 持

感谢您一直以来对清华大学出版社图书的支持和爱护。为了配合本书的使用，本书提供配套的资源，有需求的读者请扫描下方的"书圈"微信公众号二维码，在图书专区下载，也可以拨打电话或发送电子邮件咨询。

如果您在使用本书的过程中遇到了什么问题，或者有相关图书出版计划，也请您发邮件告诉我们，以便我们更好地为您服务。

我们的联系方式：

地　　址：北京市海淀区双清路学研大厦 A 座 714

邮　　编：100084

电　　话：010-83470236　010-83470237

资源下载：http://www.tup.com.cn

客服邮箱：tupjsj@vip.163.com

QQ：2301891038（请写明您的单位和姓名）

用微信扫一扫右边的二维码,即可关注清华大学出版社公众号。

教学资源·教学样书·新书信息

人工智能科学与技术
人工智能|电子通信|自动控制

资料下载·样书申请

书圈